DR. MED. VET. ALEXANDRA NADIG

Heil—pflanzen für Hunde

WIRKUNGSWEISEN, REZEPTUREN UND ANWENDUNG

MIT KOSMOS MEHR ENTDECKEN
50
Heilpflanzen im Überblick
SEIT 1822

KOSMOS

☞ *Inhalt*

ZUM GELEIT

Kulturanthropologen sind sich sicher, dass sich die Vor- oder Frühmenschen, noch ehe sie Werkzeuge erfunden oder das Feuer gezähmt hatten, mit Kräutern, Rinden und Wurzeln geheilt haben.
Pollenanalysen von Ausgrabungen von Bestattungen deuten an, dass auch die Neandertaler vor rund 60 000 Jahren profundes Heilpflanzenwissen besaßen. Dass man Haustiere mit Pflanzen heilen kann, sollte selbstverständlich sein. Tiere, insbesondere die Säugetiere, sind uns physiologisch so ähnlich, dass pflanzliche Stoffe und Energien auf sie nicht viel anders wirken als auf uns Menschen. Aber nicht nur das, Pflanzen und Tiere haben eine gemeinsame Ko-Evolution von hunderten Millionen Jahren durchlaufen. Eine ständige, wechselseitige Interaktion fand (und findet) dabei statt. Sie sind füreinander gemacht.

FLIESSENDE GRENZEN

Pflanzen geben den Tieren nicht nur den Sauerstoff zum Atmen, sondern sie ernähren die Tiere (letztlich auch die fleischfressenden). Dabei kann keine strenge Unterscheidung zwischen Nahrungs- und Heilpflanzen getroffen werden. Die Grenzen sind fließend. So etwas konnten wir als biodynamische Landwirte bei unseren Kühen beobachten; sorgfältig suchen sie dieses oder jenes Kraut, weil sie instinktiv wissen, was ihr Organismus zur jeweiligen Zeit braucht. Auch haben Hirten in Südamerika bei ihren Schafen entdeckt, dass diese am aromatisch bitteren Boldo-Strauch fressen, wenn sie an Darmstörungen oder Leberparasiten leiden. Bären wurden beobachtet, wie sie Verdauungsprobleme mit der Madaun-Wurzel (*Ligusticum*) heilen; bei Hautpilz zerkauen sie die Wurzel und spucken den feinen Brei auf die befallenen Stellen. Es gibt viele solcher Beispiele. Lange hat man das als Aberglaube abgetan, aber inzwischen ist es durch Ethologen, die das Verhalten von Tieren ins Visier nehmen, wissenschaftlich bestätigt.

DIE TRÄUME DER HUNDE

Auch unseren Haustieren sollte man diese ursprünglichen, natürlichen Heilmittel nicht verwehren. Ich bin sehr froh, dass sich die Tierärztin Dr. Alexandra Nadig die Mühe gemacht hat, den Tierfreunden wertvolles Wissen zur Anwendung der Phytotherapie zu vermitteln. Insbesondere bin ich froh, dass sie sich den Hunden zuwendet. Wie kein anderes Tier haben Hunde ihr Schicksal mit den Menschen verbunden. Sie sind unsere besten Freunde. Ich kann mir ein Leben ohne Hunde gar nicht vorstellen. In Indien erfuhr ich, dass man Hunde nicht wecken soll, auch wenn sie mitten auf der Straße schlafen und den Verkehr behindern, denn sie träumen von den Göttern. **Durch ihre intensiven Träume bringen sie uns die Götter und deren Segen näher.** Die Cheyenne-Indianer, mit denen ich viel Zeit verbrachte, glauben Ähnliches. Sie sagen, die Hunde träumen von Fleisch. Und da sie starke Träumer sind, werden ihre Träume wahr, und „dann haben auch wir Indianer genügend Fleisch zu essen".

Für Wolf-Dieter Storl sind Pflanzen Persönlichkeiten mit eigenem Wesen, mit ihnen fühlt er sich eng verbunden.

AUS DEM MAHABHARATA-EPOS

Als der große Held Bhima starb und mit seinem Hund vorm Himmelstor stand, sagte der Torwächter: „Willkommen großer Held, tritt ein. Aber dein Hund muss draußen bleiben, der ist unrein."

Da kehrte Bhima um und sagte: „Das kann nicht der Himmel sein, wo Hunde nicht erlaubt sind!" Da rief ihm der Torwächter nach: „Das war deine letzte Prüfung! Selbstverständlich kommen Hunde mit in den Himmel."

Hunde beobachten und studieren ihre Menschen genauestens. Das ist – sagen die Hindus –, weil Hunde im nächsten Leben als Menschen wiedergeboren werden, und sie wollen genau wissen, wie man sich als Mensch zu verhalten hat.
Und zu guter Letzt aus meiner eigenen Erfahrung: Oft nehmen Hunde die Krankheiten oder das Leid des Menschen auf, den sie lieben. Sie ziehen Flüche oder Leid ab, auch wenn sie selber daran sterben müssen.

Ihr Wolf-Dieter Storl
Kulturanthropologe und Ethnobotaniker

ZU DIESEM BUCH

„Hunde stammen vom Wolf ab, und dieser ernährt sich von Fleisch."

Eine Aussage, die so nicht ganz richtig ist. Fast alle wilden Tiere nutzen ab und zu Pflanzen, um sich gesund zu erhalten oder um Befindlichkeitsstörungen zu lindern. Pflanzen scheinen in ihrem Ernährungs- und Überlebensplan eine nicht unwichtige Rolle zu spielen.
Auch für den Wolf gilt das. Wölfe und erst recht unsere Haushunde sind keine reinen Karnivoren (Fleischfresser), pflanzliche Bestandteile sind immer schon Teil ihrer Ernährung. Wölfe und Wildhunde fressen den mit Pflanzen gefüllten Magen ihrer Beutetiere, und unsere seit hunderttausend Jahren domestizierten Haushunde haben sich organisch sehr an eine pflanzenreiche Kost angepasst.

Der Klotzenhof – ein Naturparadies für Menschen und Tiere.

Wer hat nicht einmal seinen Hund genüsslich Gras fressen sehen?
Wildhunde und verwilderte Hunde fressen hauptsächlich Aas, menschliche Abfälle und jagen, wenn nötig, kleinere Beutetiere. Die Tiere, die sie dabei zu sich nehmen, sind Pflanzenfresser, und deren Mageninhalt wird gern gefressen. Vorverdautes Grünzeug gehört also zur gesunden Ernährung unserer Haushunde. Somit passte sich der Verdauungsapparat auch an pflanzliche Kost an.

NATÜRLICH HEILEN

Es gibt Hunde, die scheinbar ganz bewusst an bestimmten Heilpflanzen knabbern. Warum tun sie das?
Wir leben heute teilweise sehr eng mit unseren Hunden zusammen, sie sind Familienmitglieder und Freunde und somit automatisch unserem Lebensstil stark angepasst. Dadurch sind auch sie von den vielen Krankheiten der Industriegesellschaft betroffen, und wir möchten für sie, ebenso wie für uns, nur die allerbeste medizinische Versorgung. Wirken soll sie und dabei nicht schaden. Gut verträglich soll sie sein und gern natürlichen Ursprungs. Hunde sprechen sehr gut auf eine Therapie mit Heilpflanzen an und die Erfolge einer phytotherapeutischen Behandlung sind beim Hund oft ganz außergewöhnlich.
Sie können Ihren Hund vorbeugend und bei leichten Erkrankungen wunderbar selbst mit Heilpflanzen therapieren. Das hilft Ihrem Hund und gibt Ihnen ein sicheres Gefühl, zu wissen, wie Sie ihm helfen können.

Alexandra Nadig mit Wildschwein Emma, Rhodesian-Ridgeback Baina und Dalmatiner Wulle.

ALTE HAUSMITTEL

Viele alte Hausmittel, die Sie aus Ihrer Kindheit kennen und vielleicht bei Ihren eigenen Kindern anwenden, bewähren sich auch für unsere Hunde, und sie sind häufig nicht weniger wert als die Spritze vom Tierarzt. Den guten, altbewährten Kamillentee, Dampfinhalationen, Wickel und Heilsalben können Sie auch bei Ihrem Hund anwenden. Dieses Buch soll Ihnen dabei helfen und Ihnen Tipps, Anregungen und auch Rezepte an die Hand geben. Vielleicht haben Sie selbst Interesse an Heilpflanzen, gehen gern in die Natur und wollen sammeln, oder Sie haben einen Kräutergarten. Auch wenn Sie einen chronisch kranken Hund haben und einige Anregungen suchen, dann ist dieses Buch genau das Richtige für Sie.

Lassen Sie sich anstecken von der wunderbaren Welt der Heilpflanzen, von deren unermesslichen Möglichkeiten, traditionellen Anwendungen ebenso wie der neuen, rational-wissenschaftlichen Phytotherapie, nutzen Sie dieses Wissen auch für Ihren Hund.

Ich wünsche meinen Lesern viel Spaß und hoffe, Ihr Interesse für die Phytotherapie zu wecken. Sprechen Sie Ihren Tierarzt darauf an – vielleicht motiviert es ihn, sich mit dieser wichtigen, altbewährten und wundervollen Therapieform zu beschäftigen.

Ihre Alexandra Nadig

HEILPFLANZEN

— *ihre Bedeutung und Wirkstoffe*

HEILPFLANZEN IM TIERREICH

Tiere nutzen Heilpflanzen instinktiv. So haben Wissenschaftler herausgefunden, dass einige Vogelarten ihre Nester mit speziellen Pflanzen auslegen. Diese enthalten antibiotisch wirksame Stoffe.

Die Schafgarbe ist eine Alleskönnerin, sie wird innerlich und äußerlich bei Haut- und Leberleiden eingesetzt.

Eine von den Vögeln häufig verwendete Pflanze ist z. B. die **Schafgarbe**. Diese wird immer wieder frisch ins Nest gelegt, um die Jungtiere vor schädlichen Erregern zu schützen.
Auch der gezielte Gebrauch von Heilpflanzen bei Menschenaffen wie den Gorillas, Schimpansen oder Bonobos ist wissenschaftlich belegt. Bekannt ist z. B., dass Schimpansenweibchen ihre Jungen dazu zwingen, schlecht schmeckende und sonst gemiedene Blätter zu schlucken. Es stellte sich bei Untersuchungen heraus, dass diese Blätter zum Teil Inhaltsstoffe enthalten, die gegen Darmparasiten wirken. Einige Blätter werden unverdaut, voll anhaftender Würmer, wieder ausgeschieden und es scheint, als ob sie mechanisch den Darm reinigen und somit regelrecht die Darmwände ausputzen. Das wurde auch bei anderen Tierarten beobachtet. Es erscheint wie eine gezielte „Blätterkur" gegen Darmparasiten.

VONEINANDER LERNEN

In der Bossou-Region im westafrikanischen Guinea gehört *Polycephalium capitum* zur traditionellen Durchfall-Medizin. Die Schimpansen kennen die Wirkung, es finden sich immer wieder unzerkaute Polycephalium-Blätter in ihrem Kot. Das Beobachten der Natur und ihrer Bewohner hat den Menschen schon viele Erkenntnisse gebracht. Interessant ist, dass in den Regionen, in denen Affen sich scheinbar selbst behandeln, auch die dort lebenden Menschen die gleichen Pflanzen gegen dieselben Erkrankungen nutzen. Beim Volk der Watongue in den Mahale-Bergen Tansanias wird eine bestimmte Vernonienart ebenfalls als Mittel gegen Parasitenbefall und Darmerkrankungen angewendet. Auch im Bwindi-Nationalpark nutzen Menschen und Gorillas die gleichen Medizinalpflanzen.

WIE WILDTIERE PFLANZEN NUTZEN

Eine ausgeprägte Vorliebe entwickeln Gorillas für Pflanzen, die Koffein oder Theobromin (Wirkstoffe von Kaffee und Schokolade) enthalten, wie z. B. die Colanuss. Möglicherweise dient das natürliche Aufputschmittel den Primaten, sich besser an die Bergregion mit ihrer sauerstoffarmen Atmosphäre anzupassen.

Jane Goodall hatte eine regelrechte „Heilkräutersammelkultur“ bei Schimpansen entdeckt und dies auch dokumentiert. Auch andere Tiere nutzen die Wirksamkeit der Pflanzen, um sich zu heilen oder vor Krankheiten zu schützen. Der arktische Zodiakbär z. B. zerkaut Blätter der Pflanze *Ligusticum*, spuckt den Brei in seine Pfoten, reibt ihn in sein Fell und bekämpft so seine Hautparasiten. Auch von Gibbons ist bekannt, dass sie einen zerkauten Pflanzenbrei auf ihre Wunden schmieren.

Hirsche und Bären in Nordamerika reiben ihre Wunden an bestimmten Baumarten, deren Harz eine desinfizierende Wirkung hat. Europäische Stare bespicken ihr Nest mit pharmakologisch aktiven Pflanzen, deren Wirkspektrum sich gegen Bakterien, Insekten und Milben richtet.

Schäfer und Hirten haben schon immer beobachtet, wie sich Schafe oder Hirsche in bestimmten Pflanzen wälzen, um ihre Wunden zu heilen.

So wälzen sich z. B. Gämsen im **Alpenwegerich**, wenn sie verwundet sind.

Auch Hunde- und Katzenhalter kennen ein instinktives Nutzen von Heilpflanzen. Nicht nur Katzen nutzen Gras, um ihren Verdauungstrakt von zu vielen Haaren zu befreien, auch Hunde grasen teilweise intensiv, um Magenprobleme zu beheben oder damit den Darm zu reinigen. Es gibt sogar Hunde, die ganz gezielt Gewürz- und Heilpflanzen fressen oder nach Wurzeln graben.

Kräuter- und Heilpflanzengarten auf dem Klotzenhof.

GESUNDHEIT AUS DER WILDNIS

Egal ob Wild- und Haustiere dieses Verhalten bewusst an den Tag legen, oder ob es ein rein instinktives Verhalten ist. Fakt ist, dass Tiere ihre Befindlichkeitsstörungen durch gezielten Einsatz von Heilpflanzen „behandeln“. Sie „wissen“, welche Pflanze sie zu sich nehmen müssen, um ihr Wohlbefinden zurückzuerlangen. Interessant ist, dass sie auch Pflanzen zu sich nehmen, die eine gewisse Prophylaxe vor Erkrankungen bewirken. So ist die geringe Aufnahme von Giftstoffen, wie es einige Tierarten praktizieren, nicht logisch zu erklären. Man weiß aber, dass diese dazu führt, das Immunsystem zu stärken. Ob die wilden Tiere dies auch wissen oder spüren, bleibt eine offene Frage. Heute beschäftigt sich die Zoopharmakologie intensiv mit diesem Thema, und sie bietet uns Menschen nicht nur einen besonderen Zugang zur Behandlung und Therapie unserer Haustiere. Das Beobachten der Selbstmedikation unserer Tiere kann auch für uns Menschen von großer Bedeutung sein.

Cindy Engel hat ein wunderbares Buch zu diesem Thema geschrieben: Wild Health – Gesundheit aus der Wildnis.

Heilpflanzen wurden schon sehr früh auch bei Nutztieren angewendet.

HEILPFLANZEN IN DER TIERMEDIZIN

Die Heilpflanzenkunde ist der Beginn jedes medizinischen Systems auf der ganzen Welt, und sie ist die älteste Therapieform der Menschen überhaupt.

Das Heilen mit Pflanzen beginnt mit der Menschheit und lässt sich bis in die Steinzeit zurückverfolgen. Der älteste Fund ist ca. 60 000 Jahre alt und auch „Ötzi" trug eine gut sortierte Heilpflanzenapotheke bei sich. Seit der Mensch Schriften hat, gibt es Aufzeichnungen über das Nutzen von Heilpflanzen. Eine sehr frühe Aufzeichnung ist das Papyrus Ebers. Es ist eine Schriftrolle aus dem Jahr 1 600 v. Chr., die zahlreiche Rezepte mit Heilpflanzen beschreibt.
In allen Regionen der Welt bildeten sich eigene Heilsysteme, dessen Grundlage immer die Heilpflanzen waren. Dabei spielten vor allem die regionalen Pflanzen eine wichtige Rolle.

HISTORIE DER TIERMEDIZIN

Auch die Tiermedizin war in ihrem Ursprung eine Heilpflanzenmedizin. Zu Beginn waren es Hirten und Schäfer, später Schmiede und Stallmeister, die tiermedizinisch tätig wurden. In China begann schon früh (16. bis 11. Jh. v. Chr. / Shang-Dynastie) ein Boom der Tiermedizin. Besonders Pferde waren wichtige Tiere für das chinesische Reich, denn sie wurden für Kriege und zur Arbeit benötigt. Somit begann sich in der traditionellen chinesischen Medizin ein tiermedizinischer Zweig zu entwickeln, und

bereits ab 475 v. Chr. gab es in China spezialisierte Tierärzte. Aus der Han-Dynastie (206 bis 220 v. Chr.) existieren erste tiermedizinische Rezepturen, die auf Bambus geschrieben wurden. Aber auch in der westlichen Welt begannen die Menschen früh, ihre wichtigen Haustiere medizinisch zu versorgen. So existiert ein altägyptisches Schriftzeugnis der Tierheilkunde, der sogenannte Veterinärpapyrus von El-Lahun (um 1 850 v. Chr.). Dieser beschreibt vor allem die Anwendung von Heilpflanzen bei Rindern. Im 4. und 5. Jh. n. Chr. verfassen Gelehrte wie Apsyrtos, Theomnestos, Hierokles und Pelagonius eine Literatur über Pferdeheilkunde. Auch hier werden pflanzliche Therapien in Form von Pflastern, Umschlägen, Tränken, Eingüssen und Einläufen beschrieben.
1250 bis 1750 n. Chr. ist die Zeit der Stallmeister und deren Verbreitung und literarischer Überlieferungen von Heilpflanzenanwendungen beim Pferd. 1250 n. Ch. verfasst ein Schmied das erste Rossarzneibüchlein in deutscher Sprache. Pflanzliche Heilmittel wurden zu dieser Zeit in jeder Stallapotheke vorrätig gehalten.
Erst Ende des 14. Jh. n. Chr. wird in verschiedenen Jagdbüchern die Behandlung von Hunden beschrieben. Vor allem Verletzungen, die pflanzlich behandelt wurden, innerlich wie äußerlich, waren Thema dieser Bücher.

INDUSTRIALISIERUNG

1850 wurde von einem Pharmakologen ein „Lehrbuch der Arzneimittellehre für Tierärzte" verfasst, das nach und nach ein Umstellen auf chemisch-synthetische Arzneistoffe auslöste. Lange Zeit war die Pflanzenheilkunde aus der Tiermedizin verschwunden, galt als veraltet und nicht mehr zeitgemäß. Bis heute ist die Tiermedizin geprägt vom industriellen Fortschritt. Massentierhaltung verlangt schnell wirksame und preisgünstige Methoden und Arzneien. Das Tier als Produkt, als Lebensmittellieferant, aber auch als Sportgerät muss in erster Linie funktionieren und Leistung bringen. Da darf Heilung keine Zeit kosten und es darf keine krankheitsbedingten Ausfälle geben. Hinzu kommt ein beinahe panischer Umgang mit dem sogenannten Verbraucherschutz, der weit entfernt von jeglicher Realität und Vernunft dazu führt, dass Tiere unnötig gequält werden und sie zu einem äußerst unnatürlichen Leben zwingt.

DAS SPIEL MIT DER ANGST

Wir leben in einer Zeit, die technisch und synthetisch orientiert ist. Alles scheint machbar, Krankheit ist unerwünscht. Gegen alles gibt es eine Tablette. Die Werbung im Vorabendprogramm zeigt es deutlich. Befindlichkeitsstörungen wie Schmerz oder Verdauungsprobleme können schnell und einfach mit einem Medikament behoben werden und der Mensch kann sofort wieder aktiv funktionieren. Dabei wird sehr viel mit der Angst gespielt und manipuliert. Schaut man jedoch genauer hin, ist zu sehen, dass dabei Realitäten verschoben werden.

Schweinepest, Vogelgrippe, Fuchsbandwurm – heutzutage wird sehr schnell eine Angst geschürt.

Auf meinen Kräuterwanderungen ist dieses Thema ständig präsent. Ein Teilnehmer fragt immer ängstlich, wie es denn um die Gefahr des Fuchsbandwurmes stehe und ob er tatsächlich dieses Pflänzchen unbeschadet probieren könne. Daraufhin stelle ich jedes Mal die Gegenfrage, wie die Teilnehmer denn zu mir gekommen sind? Etwa mit dem Auto? Dann nenne ich die Zahlen der Unfalltoten durch Autounfälle pro Jahr in Deutschland und weise darauf hin, dass es seit Jahrzehnten keinen Todesfall mehr durch Fuchsbandwurm gegeben hat. Woher kommt also diese Angst? Und vor allem woher diese Angst-Verschiebung?
Angst ist für die, die sich dadurch bereichern können. Angst vor der Walderdbeere sichert den Verkauf von Erdbeeren im Supermarkt. Angst vor Würmern sichert den regelmäßigen Verkauf von Wurmtabletten. Von der gar hysterischen Angst vor Zecken können so einige Pharmaunternehmen wunderbare Umsätze erwirtschaften.

ZURÜCK ZUR NATUR

Erst viel später als in der Humanmedizin, seit ca. 1980, beginnt ganz langsam ein Umdenken. Angeregt durch die gesellschaftliche Entwicklung (zurück zur Natur, Bio-Welle) und das Interesse der Menschen an natürlichen Heilmethoden, entsteht auch in der Tierärzteschaft ein Wiederentdecken der alten und lang bewährten Methoden. Homöopathie, Chinesische Medizin und einige neue Alternativverfahren, wie z. B. die Homotoxikologie und Organotherapie, finden in der heutigen Tierärzteschaft immer mehr Anhänger.

BASIS MEDIZINISCHER LEHREN

Die Pflanzenheilkunde, oder **Phytotherapie**, wird zunächst in die Ecke der Alternativmedizin gesteckt und lässt sich bis heute nur schwer wieder in die klassische Lehrmedizin eingliedern. Dabei wird vor allem an den Universitäten ignoriert, dass gerade die Phytotherapie die Basis aller medizinischen Lehren und eigentlich rein pharmakologisch orientierte Schulmedizin ist.

Obwohl Tierbesitzer heute ihren Schützlingen dieselben medizinischen Möglichkeiten bieten möchten, die sie auch selbst nutzen, und besonderen Wert auf natürliche oder ganzheitliche Heilverfahren legen, müssen sie oft lange nach einem Tiermediziner suchen, der ihren Wünschen nachkommt. Daher wenden sich viele Tierbesitzer an **Tierheilpraktiker**. Angeregt durch diese moderne Welle, sprießen überall selbsternannte „Heilpflanzenkundige“ aus dem Boden, und nicht alle sind tatsächlich in der Lage, eine sinngemäße und vernünftige phytotherapeutische Behandlung durchzuführen. Aber auch klassische Tierärzte erfahren in ihrer Ausbildung keine Spezialisierung in diese Richtung. Daher ist es für Sie als Hundehalter wichtig, sorgsam bei der Auswahl Ihres Therapeuten zu sein.

ALTERNATIVE HEILMETHODEN

Im Wirrwarr der heute angebotenen alternativen Heilmethoden ist es für den Laien oft schwierig, zu verstehen, um welche Methode es eigentlich geht, was sie bedeutet, woher sie kommt und womit sie arbeitet. Das Wort „Alternativ“ ist heute leider in der Medizin negativ belegt, wird es doch oft gleichgesetzt mit Esoterik und Pseudomedizin. Viel besser wäre der Ausdruck **Regulationsmedizin**, denn in diesem Kontext stehen diese Heilmethoden. Sie alle zielen darauf ab, körpereigene Heilmechanismen zu unterstützen. Ungleichgewicht soll reguliert werden und die Gesundheit sich mit sanften Hilfen wieder einstellen. Unter die Regulationsmedizin fallen alle Methoden, die nicht klassisch-synthetisch zur Schulmedizin gehören wie Homöopathie, Organotherapie, Bioresonanz, Kinesiologie und viele andere mehr. Ein Bereich der Regulationsmedizin lässt sich allerdings abspalten und bildet genau genommen einen eigenen Medizinzweig. Es ist die **Naturheilkunde**. Diese ist klassisch schulmedizinisch anerkannt und beschäftigt sich mit der Heilung und Behandlung mittels in der Natur gegebenen Stoffen und Prozessen. Hierzu gehören das Behandeln mit Pflanzen, die Bewegungstherapie, die Hydrotherapie, die Ernährungstherapie und auch die Chinesische und Ayurvedische Medizin.

☞ KRITISCH BEURTEILEN

Möchten Sie ein Medizinsystem beurteilen, kann es Sinn machen, sich folgende Fragen zu stellen und Aspekte anzusehen:

1. Wer hat das System entwickelt?
Es macht einen Unterschied, ob ein Medizinsystem von einer Person oder in einer gesamten Kultur entwickelt wurde. Ebenso sollte man sich Heilsysteme, die von Firmen oder Unternehmen entwickelt wurden, genau ansehen und über deren Intention nachdenken.

2. Für wen wurde es entwickelt?
Wurde es für eine Elite oder das ganze Volk entwickelt? Können sich auch ärmere Menschen diese Medizin leisten?

3. Zu welchem Zeitpunkt ist das Heilsystem entstanden?
Wie lange besteht es schon. Es macht einen Unterschied, ob ein Medizinsystem 2 000 Jahre alt ist und sich bewährt hat, oder ob es noch recht jung ist. So ist unsere heutige synthetisch-pharmakologisch orientierte Medizin gerade einmal 200 Jahre, die Heilpflanzenmedizin dagegen drei Millionen Jahre alt.

4. Welche Grundlagen und Philosophie stecken dahinter?
Es kann interessant sein, sich mit dieser Frage zu beschäftigen und die Unterschiede zwischen den einzelnen Systemen zu erkennen. Jedes hat für sich seine Zeit und seine Anwenderberechtigung, aber können wir ohne weiteres die Philosophie einer anderen Kultur auf die unsere übertragen?

5. In welcher Kultur ist es entstanden?
Ist das Heilsystem kulturübertragend, oder passt es sich ganz besonders einer speziellen Kulturform an.

6. Warum wurde es entwickelt?
Eine wichtige und ebenso provozierende Frage. Wurde das System entwickelt, um Kranken zur Gesundung zu verhelfen oder um eine Person oder eine Firma reich zu machen?

Sie sollten die Heilsysteme kritisch hinterfragen und einem Therapeuten nicht blind vertrauen, sondern auch selbst Verantwortung übernehmen – für sich und Ihren Hund. Dabei dürfen Sie die Spritze des Tierarztes genauso hinterfragen wie ein dubioses, alternatives Heilversprechen.

PFLANZENHEILKUNDE

Heute herrscht noch immer die Ansicht, dass Heilpflanzen in ihrer Wirkung nicht einschätzbar oder gar schädlich sind. In regelmäßigen Abständen ist das Thema „Gefahr durch Pflanzen" in den Schlagzeilen. Einmal ist es der Zimt, dann die Kamille, die durch entsprechend reißerische Medien in schlechtes Licht gerückt werden. Man kann sich denken, woher solch eine Angstpropaganda kommt. Auch wird die Wirksamkeit der Heilpflanzen (vor allem in der Tiermedizin) noch stark angezweifelt, trotzdem warnen zweifelnde Kritiker vor Nebenwirkungen!
In einer Zeit, in der die evidenzbasierte (nachweisorientierte) Medizin mehr Aussagekraft hat als über Jahrtausende – ja sogar Jahrmillionen – entstandene Erfahrungswerte, ist es besonders schwierig, den Stellenwert der Phytotherapie ins rechte Licht zu rücken.
In der Humanmedizin stellt sich heute weniger die Frage nach der Wirksamkeit. Man braucht sich nur einmal die riesige Auswahl an frei verkäuflichen Phytopräparaten in der Apotheke anzusehen. Vielen Menschen ist dabei gar nicht bewusst, dass sie ein rein pflanzliches Präparat zu sich nehmen. Viele dieser Präparate sind heute allgemein bekannt, erfreuen sich größter Beliebtheit und ihre Wirksamkeit wird nicht in Frage gestellt. Einige Beispiele sind z. B. Korodin®-Tropfen, Iberogast®-Tropfen, Sinupret®, Mucosolvan®-Hustensaft, Kytta®-Salbe.

Fingerhut und Herbstzeitlose sind giftig...

... und gehören nur in die Hände erfahrener Therapeuten.

Es gibt Heilpflanzen, die stark bis giftig wirken, wie Tollkirsche, Stechapfel, Herbstzeitlose, Nieswurz und Fingerhut. Diese gehören immer in die Hände erfahrener Therapeuten und werden meist in Form standardisierter Therapeutika angewendet. Vielen ist heute gar nicht mehr bewusst, dass einige sehr wichtige Wirkstoffe der Schulmedizin aus Pflanzen gewonnen wurden und zum Teil noch werden. Gerade die Giftpflanzen sind aus der Medizin nicht wegzudenken, sie werden in der Anästhesie ebenso eingesetzt wie in der Tumorbekämpfung oder Herztherapie. Daneben gibt es annähernd nebenwirkungsfreie Pflanzen wie Ringelblume, Weißdorn, Kamille und Melisse, die vom Tierbesitzer angewendet werden können.

KLINISCHE STUDIEN

Moderne Phytotherapeutika werden heute aus definierten, standardisierten oder normierten Pflanzen und nach offiziellen Herstellungsleitlinien produziert. Für viele liegen klinische Studien und Anwendungsbeobachtungen vor. Sie zeichnen sich außerdem durch ihre hervorragende Verträglichkeit aus.

Melisse wirkt beruhigend auf den Darm.

EINTEILUNG

Die Pflanzenheilkunde umfasst heute

— **Phytochemie** – sie beschäftigt sich mit den Inhaltsstoffen der Pflanzen, identifiziert die chemische Zusammensetzung.
— **Phytopharmazie** – sie beschäftigt sich mit der Droge, dem Ausgangsprodukt der Arznei.
— **Phytopharmakologie** – sie beschäftigt sich mit der Wechselwirkung zwischen Arznei und Mensch/Tier.
— **Phytotherapie** – sie beschäftigt sich mit der Therapie mit Phytotherapeutika.

UNTERSCHIED PFLANZLICHE/ SYNTHETISCHE ROHSTOFFE

PFLANZLICHE ROHSTOFFE	SYNTHETISCHE ROHSTOFFE
Vielstoffgemische mit variabler Zusammensetzung	**einheitliche, exakt definierbare Reinstoffe**
variable Wirkstoffkonzentration pro gleiche Menge	**exakt dosierbar**
unterschiedliche Wirkung	**gleichmäßige Wirkung**
variable Qualität	**gleich bleibende Qualität**
geringe Nebenwirkungen	z. T. hohes Nebenwirkungspotenzial

Fit durchs Leben – das wünscht sich jeder Hundehalter. Doch nicht alle Zusatzpräparate sind sinnvoll.

Der tiermedizinische Markt bietet leider noch immer sehr wenige Phytotherapeutika an. Heute geht die Tendenz aufgrund erschwerter Zulassungsverfahren (politisch und bürokratisch) zur Verbreitung von Pflegeprodukten und Nahrungsergänzungsmitteln als einzige Möglichkeit zur Anwendung von Heilpflanzen am Tier. Leider ist bei diesen Präparaten keine Sicherheit auf Qualität und Quantität der genutzten Pflanzen und Wirkstoffe gegeben. Viele Firmen und Unternehmen nutzen den Trend und produzieren „wilde" Heilpflanzenmischungen ohne Sinn und Sachverstand. Oft enthalten diese Präparate nicht die gewünschten Wirkstoffe, oder sie sind völlig unterdosiert und so gut wie nie auf ihre Unbedenklichkeit getestet.
Auch hier sind Sie als Hundehalter gefragt. Seien Sie kritisch und aufmerksam und befragen Sie im Zweifel Ihren Phytotherapeuten, bevor Sie einem solchen, eventuell unwirksamen Präparat vertrauen. Immer wieder erlebe ich in der Praxis, dass Tierbesitzer aufgrund schlechter Erfahrungen mit diesen Mitteln der gesamten Heilpflanzentherapie misstrauen. Das ist schade und wird einer sinnvollen und sachgemäßen Phytotherapie nicht gerecht.

PFLANZEN IM FUTTER

Ein weiterer Trend muss kritisch betrachtet werden. Immer mehr Futterhersteller werben mit der Zugabe von Pflanzen und Heilpflanzen im Futter. Was auf den Hundebesitzer einen guten Eindruck machen und gesund erscheinen soll, ist allerdings nicht gut für die Gesundheit des Hundes.
Da werden Kräutermischungen dem Futter beigegeben, die nicht unbedingt, wenn sie dauerhaft gegeben werden, der Gesundheit dienen. Wenn der Hund ständig kleine Mengen immunmodulierender Pflanzen erhält, kann dies zu einer Schädigung der Immungesundheit führen. Ständige Gabe von *Echinacea* (Sonnenhut) oder anderen Korbblütlern kann zu Allergien und Unverträglichkeiten führen. Heilpflanzen werden gezielt zur Gesunderhaltung oder Behandlung eingesetzt und sollten nicht dauerhaft in kleinen Mengen dem Futter zugeführt werden.
Achten Sie beim Futterkauf also darauf, dass die Zutatenliste des Futters nicht sehr groß ist. **Je mehr in der Auflistung der Zusätze steht, umso weniger gut ist das Futter.** Auch wenn Kräuter einen gesunden Eindruck erwecken.

HEILPFLANZEN UND IHRE WIRKSTOFFE

Viele Pflanzeninhaltsstoffe sind heute bekannt und es werden auch weiterhin immer wieder neue entdeckt und erforscht.

Über die Wirksamkeit der Inhaltsstoffe weiß man gut Bescheid, und häufig war oder ist die Natur Vorreiter und Beispiel für neu entwickelte, synthetische Medikamente. Vor allem der Regenwald ist im Fokus der Forscher und Pharmaunternehmen. Man erhofft sich, in noch unentdeckten Waldgebieten dieser Erde Wirkstoffe gegen die großen Zivilisationskrankheiten dieser Zeit zu finden. Dies führt zu Raubbau und zur Unterdrückung der Menschen vor Ort. Es werden hohe Investitionen auf der Suche nach neuen pflanzlichen Wirkstoffen getätigt, man weiß um das Potenzial der Heilpflanzen. Dennoch möchte man uns heute den Umgang mit ihnen verbieten, man verbreitet Angst und versucht, den Patienten und Tierbesitzer zu entmündigen. Eigenverantwortung, Mitdenken und die Möglichkeit, sich selbst mit pflanzlicher Medizin zu versorgen, ist nicht erwünscht. Hierbei ist es egal, ob es sich um menschliche oder tierische Patienten handelt, am Ende geht es doch nur um den Profit.

Bis der Mensch vor ungefähr 200 Jahren begann, seine Medizin synthetisch herzustellen, waren es Pflanzeninhaltsstoffe, die er extrahierte und nutzte. Noch heute ist vielen Menschen bekannt, dass z. B. Aspirin® pflanzlichen Ursprungs ist. Der Wirkstoff Acetylsalicylsäure wurde lange Zeit aus der Weidenrinde und dem Mädesüß extrahiert, bis man einen Weg fand, diesen Stoff synthetisch herzustellen. Auch Digitalis-Medikamente entstammen ursprünglich einer Pflanze, man extrahierte das Digitoxin aus dem Fingerhut. Einige hochwirksame Stoffe, wie z. B. Atropin (aus der Tollkirsche) und Colchizin (aus der Herbstzeitlosen), sind auch heute nicht aus der Medizin wegzudenken und ein Beweis dafür, dass Pflanzen hochwirksame Stoffe enthalten.

Die Wirkstoffe des Mädesüß wirken schmerzlindernd und fiebersenkend.

☞ AUS DER MEDIZIN BEKANNTE, DOCH URSPRÜNGLICH AUS DER PFLANZE EXTRAHIERTE STOFFE

WIRKSTOFF	PFLANZE	ANWENDUNG
Atropin	Tollkirsche	In der Narkose und Augenmedizin
Morphin	Mohnpflanze	Schmerztherapie
Coffein	Kaffee	Genussmittel, Kreislauf
Theophyllin	Teepflanze	Kreislauf, Blutdruck
Colchicin	Herbstzeitlose	Tumortherapie
Ephedrin	Meerträubel	Atemwege, Bronchien
Digitoxin	Fingerhut	Herzmedikamente
Menthol	Minze	Haut und Atemwege
Pyrethrine	Crysantheme	Antiparasitika
Salicylsäure	Weide, Mädesüß	Schmerzmittel

EIN GEMISCH AUS VIELEN STOFFEN

Pflanzen bestehen allerdings nicht nur aus einem einzelnen Stoff, sie sind immer ein Gemisch aus vielen. Das ist es, was Kritiker der Phytotherapie gern als Gegenargument nutzen, da diese **Vielstoffgemische** sehr schlecht in ihrer Wirkung nachvollziehbar sind. Seitdem der Mensch lieber Monosubstanzen nutzt, d. h. lieber eine Reinsubstanz extrahiert und mit dieser therapiert, traut er den Vielstoffgemischen der Heilpflanzen nicht mehr. Sie erscheinen ihm unkontrollierbarer und somit gefährlicher und zudem wirkungsärmer als Monosubstanzen.

Allerdings kommt man ganz allmählich dahinter, dass es gerade die Vielstoffgemische der Pflanzen sind, die allumfassend, behutsam und wirksam auf den Organismus einwirken. In aktueller Zeit hat man dies bei der Untersuchung und Anwendung von Cannabinoiden, also Cannabis, beobachtet und untersucht. Erhalten kranke Menschen das synthetische Dronabinol, so bekommen sie Nebenwirkungen, und die erwünschte Wirkung ist nicht annähernd vergleichbar mit der des gesamten Pflanzenextraktes. Ganz zu schweigen von den enormen Kosten, die ein synthetisch hergestelltes Dronabinol verursacht. Selbstverständlich haben Pharmaunternehmen größeres Interesse daran, einen patentierten, synthetischen

Wirkstoff auf den Markt zu bringen, als sich mit den nicht lukrativen Pflanzen zu beschäftigen. Die bessere Wirksamkeit der Gesamtpflanze, des Gesamtextraktes, haben Wissenschaftler anhand einiger Pflanzen belegen können. Es scheint immer der Gesamtcocktail der Pflanze zu sein, der seine Wirksamkeit hat. So weiß jeder, dass Aspirin® bei Daueranwendung schlecht für die Magenschleimhaut ist. Die Ursprungspflanze allerdings trägt verschiedenste Stoffe in sich, so z. B. auch Schleimstoffe und Flavonoide (siehe S. 28, 34), die die Magenschleimhaut schützen. Das ist nur ein Beispiel dafür, dass Gesamtextrakte ganzheitlich auf den Körper wirken. Dies erscheint auch sinnvoll, wenn man bedenkt, dass Mensch, Tier und Pflanze über Jahrmillionen eine Ko-Evolution auf diesem Planeten durchmachen, d. h. in der Natur fein aufeinander abgestimmt sind – synthetische Monosubstanzen aber erst seit ca. 200 Jahren angewendet werden und auf unseren Körper nicht optimal abgestimmt sind. Eine synthetische Monosubstanz greift in der Regel an einer Stelle im Organismus ein und ändert eine körpereigene Funktion. Zumeist wird so ein für den Patienten unangenehmes Symptom unterdrückt. Eine Wirkung, die lebensrettend sein kann, die meist aber auch nur zu einer Verschleppung und Überdeckung des eigentlichen Problems führt.

GANZHEITLICHER ANSATZ

Der tierische Organismus ist kein Zusammenschluss von voneinander unabhängigen Maschinen, die einzeln repariert werden können, ohne Einfluss aufeinander zu haben. Dies ist allerdings der Ansatz der klassischen Schulmedizin. Es werden einzelne Organe und einzelne Symptome mittels synthetischer Präparate „repariert". Dabei kann es sein, dass diese Reparatur nur darauf abzielt, ein Symptom zu überdecken. **Der Organismus allerdings ist ein ganzheitliches Wesen, jedes Organ ist miteinander verbunden und daher nie im Einzelnen zu betrachten.**

Hier setzt die Naturheilkunde an. Vor allem die Phytotherapie, denn sie greift in die Mechanismen chemisch ein, ohne sie allerdings zu manipulieren. Sie regt Selbstheilungskräfte an und der Gesamtcocktail der Pflanze reguliert den Organismus ganzheitlich. **Samuel Hahnemann**, Begründer der klassischen Homöopathie, hat dies schon sehr früh erkannt und sich zu der rein symptomatischen Therapie, also der Unterdrückung von Symptomen, kritisch geäußert: „Von jeher suchte die alte Schule, da man sich oft nicht anders zu helfen wusste, in Krankheiten ein einzelnes der mehreren Symptome zu bekämpfen und womöglich zu unterdrücken, eine Einseitigkeit, welche, unter dem Namen: Symptomatische Curart, mit Recht allgemeine Verachtung erregt hat, weil durch sie nicht nur nichts gewonnen, sondern auch viel verdorben wird. Ein einzelnes der gegenwärtigen Symptome ist so wenig die Krankheit selbst, als ein einzelner Fuß der Mensch selbst ist. Dieses Verfahren war desto verwerflicher, da man ein solches einzelnes Symptom nur durch ein entgegengesetztes Mittel (also bloß enantiopathisch und palliativ) behandelte, wodurch es nach kurz andauernder Linderung sich nachgängig nur umso mehr verschlimmert."

WELT DER WIRKSTOFFE

Um dem interessierten Hundebesitzer einen kleinen Einblick in die Welt der Wirkstoffe zu geben, werden diese auf den folgenden Seiten kurz vorgestellt. Möchten Sie sich eingehender mit der Heilpflanzenkunde beschäftigen, werden Sie merken, dass Pflanzengruppen gern ähnliche Wirkstoffe enthalten. Wenn man also die Pflanzen und ihre Wirkstoffe ein wenig einzuteilen vermag, ist es leichter, mit ihnen zu therapieren. Die wichtigen und großen Gruppen der Wirkstoffe zu kennen, ist auch für Sie als Hundehalter wichtig, wenn Sie Ihren Hund therapieren wollen. Die einzelnen Stoffgruppen haben andere Wirkungen und sie sollten immer ganz gezielt angewendet werden.

GERBSTOFFE

Blutstillend, stopfend, wundheilfördernd

Gerben bedeutet, die Eiweißstruktur der Häute zu verändern. Früher wurden Tierhäute mit pflanzlichen Gerbstoffen gegerbt.
Jeder, der einmal einen starken Schwarztee für einige Minuten im Mund hatte, weiß, wie sich Gerben anfühlt. Gerbstoffe wirken zusammenziehend, austrocknend und dadurch entzündungs- und keimhemmend.

Sie wirken blutstillend und fördern somit die Wundheilung. Das „Gerben" der Häute und Schleimhäute führt dazu, dass sich die oberste Schicht verdichtet und somit Schadstoffe nicht mehr eindringen können, oder aber keine Flüssigkeit mehr verlorengehen kann. Durch diesen Mechanismus, den man auch adstringieren nennt, kann man Wunden trocknen, Schleimhäute undurchlässig machen und Erreger abtöten, indem sich ihre Wachstumsbedingungen verschlechtern, sie quasi austrocknen.

Als Patient kam Wulle in Alexandra Nadigs Praxis. Als er dann ein neues Zuhause suchte, blieb er für immer.

Gerbstoffe können für Katzen sehr gefährlich werden.

VORSICHT! ANWENDUNG BEI KATZEN

Gerbstoffe sind sehr unterschiedlich aufgebaut. Es gibt große, schlecht resorbierbare Gerbstoffe, die beispielsweise den Darm nicht verlassen, und es gibt kleine, leicht resorbierbare Gerbstoffe, die in das Blutgefäßsystem wandern. Katzen können einige Gerbstoffe in ihrer Leber nicht abbauen, ihnen fehlt hierzu ein wichtiger Mechanismus. Sie sammeln vor allem die kleinen, resorbierbaren Gerbstoffe an, und das kann zu Leberschäden führen. Lassen Sie Ihre Katze nur von einem erfahrenen Phytotherapeuten behandeln.

WIRKUNG

Angewendet werden Gerbstoffe gegen Durchfall, bei nässenden Wunden, bei entzündeter Schleimhaut, gegen Blutungen. Gerbstoffe wirken außerdem gegen Bakterien und Viren und sie betäuben leicht, d. h. sie wirken leicht schmerzstillend.

NEBENWIRKUNGEN

Nicht bei Verstopfung anwenden. Auch trockene Schleimhäute vertragen keine Gerbstoffe. In zu hoher Dosis können Gerbstoffe die Schleimhaut reizen, was zu Magenbeschwerden führen kann. Durch ihre „gerbende" Wirkung kann es sein, dass sie die Aufnahme anderer Medikamente erschweren.

VORKOMMEN

- Rosengewächse wie z. B. Brombeere, Frauenmantel, Blutwurz, Gänsefingerkraut, Rose und Himbeere
- einige Lippenblütler wie z. B. Salbei, Pfefferminze, Gundermann
- in Blättern und Rinde von Bäumen, z. B. Eiche, Walnuss und Zaubernuss

ANWENDUNG

Innerlich: gegen Durchfall, Schleimhautblutungen und Entzündungen
Äußerlich: bei entzündeter Haut, Ekzemen, Verbrennungen, entzündeter und wunder Schleimhaut, Halsentzündung, bei kleinen Blutungen, gegen Hautpilz, gegen Zahnschmerzen und Zahnfleischentzündung

ZUBEREITUNG

Einen gerbstoffhaltigen Tee muss man lange ziehen lassen, z. B. Schwarztee:

- 3 Minuten ziehen lassen – anregende Wirkung durch das Teein (Alkaloid)
- 10 Minuten ziehen lassen – Gerbstoffe entfalten ihre Wirkung

BEI HAUTEKZEMEN

Eine kleine Menge getrockneter Eichenrinde sollten Sie immer in Ihrer Hunde-Hausapotheke haben (erhältlich in der Apotheke). Kleinere, entzündete und feuchte Hautekzeme lassen sich mit einem lang gezogenen (15 Minuten!) Eichenrindentee (ein Teelöffel auf eine Tasse Wasser) behandeln. Betupfen Sie 3-mal täglich die entsprechende Hautstelle.

ÄTHERISCHE ÖLE

Die wundervollen Düfte unserer Pflanzen

Ätherische Öle finden in vielen Haushalten Anwendung, im Duftlämpchen, in Reinigungsmitteln, in Kosmetika und auch in Nahrungsmitteln.
Therapiert wird entweder mit Pflanzen, die ätherische Öle enthalten (Phytotherapie), oder mit reinen, extrahierten, ätherischen Ölen (Aromatherapie). Bei der Therapie mit reinen, ätherischen Ölen muss in der Tiermedizin mit äußerster Vorsicht vorgegangen werden. Viele Tierhalter nutzen beispielsweise Teebaumöl und können hier furchtbare Nebenwirkungen hervorrufen. Überlassen Sie die Aromatherapie einem ausgebildeten Therapeuten oder setzen Sie sich vorher sehr gründlich mit diesem Thema auseinander. Mit ätherischen Ölpflanzen hingegen können Sie Ihrem Hund eine ganze Menge Gutes tun.

WIRKUNG

Ätherische Öle wirken vor allem stark keimhemmend, antibiotisch, antiviral und pilzhemmend. Einige ätherische Öle wirken auswurffördernd und verflüssigen den Schleim in den Bronchien. Andere wirken beruhigend wie z. B. der Lavendel. Viele ätherische Ölpflanzen wirken stark entzündungshemmend und manche harntreibend. Auch die blähungswidrige Wirkung ist vielen bekannt: Fenchel, Kümmel und Anis wirken nicht nur gut gegen Blähungen, sie duften auch ganz besonders stark. Auch die krampflösende Wirkung einiger ätherischer Öle ist längst bekannt und wurde auch im Labor nachgewiesen. Ätherische Öle sind fettlöslich und können die Hautmembran durchwandern, weshalb sie auch äußerlich angewendet werden können. Sie diffundieren dann durch die Haut und gelangen so in das Blutsystem. Auch die Inhalation ist ein Weg, um ätherische Öle in den Körper aufzunehmen.

Minzen, mit ihren wunderbaren Düften, bereichern jeden Garten.

Thymian ist ein ausgezeichnetes pflanzliches Antibiotikum. Viele einfache Infektionen lassen sich mit ihm behandeln.

NEBENWIRKUNG

Wie bereits beschrieben, gehört die Anwendung von reinen, ätherischen Ölen in die Hand eines erfahrenen Therapeuten. Die Öle können durch die Häute eindringen und in den Blutkreislauf gelangen. Katzen können diese in der Leber nicht abbauen und sich bei unsachgemäßer Anwendung regelrecht vergiften!

VORKOMMEN

- Lippenblütler wie Minze, Dost, Oregano, Majoran, Basilikum, Melisse, Rosmarin, Salbei und Thymian sind jedem aus der Küche bekannt.
- Korbblütler wie Kamille, Schafgarbe und Beifuß enthalten eine große Menge ätherischer Öle.
- Doldenblütler wie Anis, Dill, Fenchel, Kümmel und Liebstöckel finden auch als ätherische Ölpflanzen Verwendung.
- viele Nadelhölzer enthalten wunderbare ätherische Öle.

ANWENDUNG

Sie werden bei Husten, Schnupfen, Blähungen, Krämpfen, zur Beruhigung, bei Hauterkrankungen und zur Wundversorgung angewendet. Auch gegen Bakterien, Viren und Pilze werden sie eingesetzt. Besonders heute, in der Zeit der vielen multiresistenten Keime, ist das ein sehr wichtiger und ernst zu nehmender Anwendungsbereich. In der Humanmedizin sind ätherische Öle oft die letzte Möglichkeit im Kampf gegen die hochgefährlichen, resistenten Keime in Krankenhäusern.

BEI ERKÄLTUNG

Ist Ihr Hund erkältet, können Sie ihn mit ätherischen Ölen inhalieren lassen. Am besten nutzt man hierzu einen Dampfinhalator. Geben Sie in eine Tasse Thymiantee einen Tropfen ätherisches Thymianöl hinzu und lassen Sie Ihren Hund dies inhalieren. Bei Inhalationen achten Sie bitte immer ganz besonders auf Ihren Hund, damit er sich nicht am heißen Wasser verbrüht.

SCHLEIMSTOFFE

Der besondere Schutz aus der Natur

Viele Pflanzen produzieren Schleimstoffe. Sie bestehen aus langkettigen Kohlenhydraten (Zucker) und sind in der Lage, Wasser zu binden, dadurch können sie aufquellen. Man unterscheidet zwischen reinen Schleimpflanzen und Quellstoffpflanzen.

WIRKUNG

Quellstoffpflanzen können viel Wasser aufnehmen und somit aufquellen. Sie bilden schleimige Flüssigkeiten, die Haut und Schleimhaut einhüllen und schützen können. Sie können Giftstoffe festhalten und verhindern somit ihr Eindringen in die Schleimhaut.
Einige Samen enthalten Schleimstoffe, die bei Wasserzufuhr aufquellen, dies macht man sich z. B. bei Leinsamen zunutze. Aufgequollene Leinsamen schützen den Magen-Darm-Kanal. Schleimstoffe wirken reizlindernd und schützen Haut und Schleimhaut. Sie legen einen sanften und lindernden Schutzfilm auf alle Häute. Quellstoffe wirken im Darm abführend, indem sie erst im Darm aufquellen und dort durch ihre Masse einen Dehnungsreiz auslösen. Schleimstoffe können alle Schleimhäute schützen wie Magen, Darm und Bronchialtrakt. Sie lassen sich äußerlich und innerlich anwenden.

NEBENWIRKUNG

Da Schleimstoffe die Aufnahme von Giften vermindern, können sie auch die Resorption einiger Medikamente verhindern.

VORKOMMEN

Schleimstoffe

— in zarten Blütenblättern von Malve, Eibisch, Königskerze und Stockrose
— in Wurzeln von Beinwell und Eibisch

Quellstoffe

— in Apfel und Quitte sowie Lein, Breitwegerich, Floh- und Spitzwegerichsamen

Malven enthalten in ihren Blütenblättern viele Schleimstoffe.

ANWENDUNG

Innerlich werden Schleimstoffe zum Schutz der Schleimhäute bei Magen- und Darmerkrankungen eingenommen. Auch bei Heiserkeit und trockenem Reizhusten leisten sie gute Dienste. Als Quellmittel gegen Verstopfung dienen leicht aufquellende Samen.
Äußerlich helfen Schleimstoffe bei gereizter Haut und bei Ekzemen, außerdem bei Augenerkrankungen.

Durch einen Kaltauszug der Eibisch-Wurzeln werden wirksame Schleimstoffe gewonnen.

- Möchte man Quellstoffe gegen Verstopfung verwenden, dann müssen diese vor der Fütterung bereits vorgequollen sein. Man füttert somit den Schleim, um die Verstopfung damit zu lösen.
- Gegen Durchfall verfüttert man sie trocken und nicht vorgequollen, dann nehmen sie die überschüssige Flüssigkeit erst im Darm auf und quellen dort auf. Ihre Aufnahme der Flüssigkeit im Darm verfestigt dann den Kot.

ERBRECHEN AUF NÜCHTERNEN MAGEN

Erbricht Ihr Hund immer mal wieder auf nüchternen Magen, dann können Sie seine gereizte Magenschleimhaut mit Schleimstoffen sinnvoll behandeln. Geben Sie hierzu einen Esslöffel ganze Leinsamen in ein Glas Wasser und lassen Sie es eine Stunde stehen. Danach können Sie die Samen durch ein Sieb abseihen und den entstandenen Leinsamenschleim in das Hundefutter geben. Der Schleim legt sich sanft auf die Magenschleimhaut, schützt und heilt diese.

Wermut ist eine sehr starke Bitterstoffpflanze. Bitterstoffe werden von Wildtieren instinktiv zur Parasitenbekämpfung aufgenommen.

BITTERSTOFFE

Auch bekannt als bittere Medizin

Viele Heilpflanzen schmecken bitter. Es gibt Bittermittel, die anregend wirken (Gelber Enzian), solche, die ätherisches Öl enthalten (Beifuß), und einige, die Scharfstoffe enthalten (Ingwer). Viele Lebenselixiere, wie z. B. der Schwedenbitter, gehören zu der bekannten bitteren Medizin. Auch Wildtiere nehmen Bitterstoffe häufig gegen verschiedenste Befindlichkeitsstörungen auf. So schlucken einige Tiere bittere, leicht giftige Pflanzen, um sich von Parasiten zu befreien. Bitterstoffe werden in niedriger Dosierung eingenommen und wirken vor allem über die Geschmacksknospen im Mund. Deshalb ist es erforderlich, dass Bitterstoffe direkt über die Mundschleimhaut aufgenommen werden müssen. Kapseln, die erst im Magen-Darm die Wirkstoffe abgeben, machen keinen Sinn.

WIRKUNG

Sie wirken anregend auf die Verdauung, die Magenschleimhaut, das Speicheldrüsensystem, die Bauchspeicheldrüse, die Leber und die Gallenblase. Alle Verdauungsdrüsen werden reflektorisch über einen Nerv angeregt. Dadurch kommt es zu einem vermehrten Fluss der Verdauungssäfte. Die Magen-Darm-Tätigkeit wird angeregt und die Durchblutung der Verdauungsorgane gesteigert. So wirken Bitterstoffe sekretionsfördernd und appetitanregend, peristaltikanregend und blähungswidrig. Sie wirken durch die Anregung der Schweißdrüsen fiebersenkend und immunanregend. Sie stärken den gesamten Stoffwechsel und regen die Blutbildung an.

NEBENWIRKUNG

Bei einer Übersäuerung des Magens oder bei Magengeschwüren sollten Bitterstoffe nicht oder nur mit großer Vorsicht angewendet werden.

VORKOMMEN

Der Gelbe Enzian hat den höchsten Bitterwert, nach ihm kommen Wermut und Tausendgüldenkraut. Beifuß, Löwenzahn, Schafgarbe, Wegwarte und Hopfen enthalten gut nutzbare Bitterstoffe.

ANWENDUNG

Bitterstoffe sind ein allgemeiner Stoffwechselanreger, sie wirken appetitanregend und werden zur Darmsanierung angewendet. Bei Parasitenbefall wirken sie gut unterstützend, außerdem bei Verstopfung und Verdauungsbeschwerden. Sie sind das wichtigste Lebermittel und regen den Energiestoffwechsel an. Bei Schwächezuständen und zur Resistenzsteigerung eignen sie sich sehr gut.

NACH OPERATIONEN

Kommt Ihr Hund nach einer Operation schlecht wieder in die Gänge und ist sein Appetit nicht gut, können Sie ihm mit Bitterstoffen helfen. Dazu können Sie entweder selbst eine Bitterstofftinktur aus Pflanzen herstellen, die in Ihrer Umgebung wachsen (z. B. Beifuß, Schafgarbe, Wegwarte, Löwenzahn), oder Sie kaufen in der Apotheke ein entsprechendes Präparat (z. B. Amara®-Tropfen von Weleda). Geben Sie dem Hund einen Tropfen davon ins Maul, auf die Lefzen oder die Zunge und füttern Sie ihn eine halbe Stunde später.

☞ BITTERWERTE EINIGER PFLANZEN

Bitterwert von 10000 bedeutet, dass ein Extrakt von 1 g Droge in 10000 ml Wasser noch bitter schmeckt.

PFLANZE	BITTERWERT
Artischocke Blätter	10 000
Bitterklee	3 000–4 000
Gelber Enzian	10 000–30 000
Löwenzahn	100
Schafgarbe	3 000–5 000
Tausendgüldenkraut	2 000–10 000
Wegwarte	800
Wermut	10 000–20 000
Chinarinde	12 000
Teufelskralle	5 000–12 000

Die Blätter des Löwenzahns sind sehr gute Bitterstofflieferanten und wachsen fast überall.

ALKALOIDE

Nur etwas für erfahrene Therapeuten

Viele Menschen nehmen täglich, in mehr oder weniger gesunden Genussmitteln, Alkaloide zu sich. Heute werden viele Alkaloide medizinisch genutzt. Es sind immer hochwirksame Stoffe, deren Missbrauch oder unsachgemäßer Gebrauch gefährlich werden kann. Überlassen Sie diese Stoffgruppe erfahrenen Therapeuten.

WIRKUNG

Alkaloide wirken zumeist auf das zentrale Nervensystem, und sie wirken oft stark halluzinogen. Viele von ihnen sind rezeptpflichtig oder werden in der Anästhesie angewendet.

NEBENWIRKUNG

Alkaloide gehören nur in die Hände erfahrener Therapeuten, sie wirken schnell giftig und können tödlich sein!

KEINE SELBSTTHERAPIE!

Bitte behandeln Sie Ihren Hund nicht selbstständig mit Alkaloidpflanzen. Auch alkaloidhaltige Genussmittel gehören nicht in den Hund. Das Theobromin der Schokolade ist ab einer gewissen Dosis für den Hund sehr gefährlich und giftig.

Jeder Wirkstoff kann bei unsachgemäßer Dosierung zu Nebenwirkungen führen. Die Dosis macht das Gift.

VORKOMMEN

Bilsenkraut, Bittersüßer Nachtschatten, Tollkirsche, Stechapfel, Schlafmohn, Eisenhut, Schierling und Herbstzeitlose gehören zu den bekannten und starken Alkaloidpflanzen. Sie werden zum Teil medizinisch genutzt, wie z. B. das Atropin der Tollkirsche, das Opium des Schlafmohns oder das Colchizin der Herbstzeitlosen. Tabak

Schlafmohn, mit seinem Wirkstoff Opium, gehört zu den bekanntesten Alkaloidpflanzen.

Tollkirsche in der Blüte. Die schwarzen glänzenden Beeren enthalten das Alkaloid Atropin.

mit seinem Nikotin, Kaffee mit seinem Coffein, Tee mit seinem Teein und Kakao mit seinem Theobromin sind allen Menschen bekannt und bei vielen als Genussmittel beliebt. Dabei werden sie auch schnell zu Suchtmitteln. Einige hochwirksame Alkaloide werden heute in der Krebstherapie angewendet, wie das Colchizin (Herbstzeitlose), das Vincristin (Immergrün) oder das Alkaloid der Nieswurz.

PYRROLIZIDIN

Sogenannte Pyrrolizidinalkaloide befinden sich in einigen gängigen Heilpflanzen wie z. B. dem Beinwell, dem Borretsch, dem Huflattich und der Pestwurz. Sie sind in Verruf geraten, da sie in hoher Dosierung die Leber schädigen können. Pflanzen, die Pyrrolizidin enthalten, sollten von erfahrenen Therapeuten, die sich gut mit der Dosierung auskennen und individuell von Patient zu Patient entscheiden, angewendet werden. Präparate, die Sie in der Apotheke erhalten, bestehen heute aus Zuchten von Pyrrolizidinalkaloid-freien Pflanzen. Seien Sie achtsam und eignen Sie sich das entsprechende Wissen über die Wirkstoffe der Pflanzen an, aber geraten Sie nicht in Panik. Die heutige Hetzjagd auf Heilpflanzen hat einen ganz anderen Hintergrund als tatsächlich schädliche, für den Menschen oder das Tier gefährliche Stoffe.

Pyrrolizidinalkaloide (PA) sind ein gutes Beispiel dafür. So wird immer wieder vor der Kytta®-Salbe (Salbe mit Beinwell gegen Schmerzen im Bewegungsapparat) gewarnt, man solle sie nicht auf offene Wunden geben, eben wegen der PA. Diese Salbe enthält allerdings keine PA mehr und das synthetische Pendant „Diclofenac“ ist bei weitem leberschädlicher als die Kytta®-Salbe. Die Wirksamkeit beider Salben ist bei Gelenkschmerzen erwiesen.

Ein anderes Beispiel ist das Pestwurzpräparat Petadolex®, das eine nahezu unglaublich gute Wirksamkeit bei Migräne hat. Ich selber musste miterleben, wie ein Mediziner, der einem zwölfjährigen Migränepatienten einmal wöchentlich Paracetamol in höchster Dosierung verschrieb, die Mutter eindringlich davor warnte und abriet, bei ihrem Sohn das Pestwurzpräparat anzuwenden. Petadolex® enthält keine PA, Paracetamol hingegen ist in höchstem Maße lebertoxisch! Seien Sie als Patient und als Patientenbesitzer kritisch – aber nicht nur den Phytotherapeutika, sondern auch den Synthetika gegenüber.

Flavonoide sind in der Ernährung genauso wichtig wie Vitamine und Mineralstoffe.

FLAVONOIDE

Sie machen die Welt bunt

Flavonoide sind die wunderschönen Farbstoffe der Pflanzen, vor allem das leuchtende Gelb bis hin zum Rot verdanken unsere Pflanzen den Flavonoiden. Die blauen Blüten haben ihren Farbton von den Anthocyanen, die auch entfernt zu den Flavonoiden gehören. Es gibt über 6 000 verschiedene Flavonoide und sie werden täglich mit der Nahrung aufgenommen. Heute weiß man, dass sie in der Ernährung genauso wichtig sind wie Vitamine und Mineralstoffe. Die ersten Flavonoide wurden in den 1930er Jahren entdeckt und man nannte sie Vitamin P.

WIRKUNG

Es gibt unter den Flavonoiden sehr viele unterschiedliche Strukturen und ebenso viele unterschiedliche Wirkungen. Vor allem wirken sie stark antioxidativ, das bedeutet, sie fangen freie Radikale ein, die dem Körper schaden können. Viele von ihnen haben antibiotische Wirkung. Fast alle Flavonoide wirken sehr stark schützend auf die kleinen Blutgefäße. Einige können Ödeme abschwellen lassen und wirken durchblutungsfördernd. Flavonoide wirken krampflösend, leberschützend und auch harntreibend, entzündungshemmend und zellschützend. Einige von ihnen sind schweißtreibend und es gibt auch stimmungsaufhellende Flavonoide.

NEBENWIRKUNG

Keine bekannt

VORKOMMEN

Flavonoide (lat. *Falvus* = blond, gelb) finden sich vor allem in leuchtend gelben Pflanzen wie Ringelblume, Arnika, Königskerze, Goldrute und Johanniskraut.

Besonders viele Flavonoide enthalten auch Ackerstiefmütterchen, Holunder, Kamille, Mariendistel, Mädesüß, Birkenblätter, Weißdorn, Lindenblüten und Ackerschachtelhalm.

ANWENDUNG

Flavonoide lösen sich besonders gut in Wasser und werden deshalb gern als Tee-Auszüge genutzt. Sie gehören zur Therapie der Herz-Kreislauf- und Gefäßerkrankungen. Ihre Anwendungen sind ebenso vielfältig wie ihre Wirkungen. Sie finden Anwendung bei Lebererkrankungen, Entzündungen, Krämpfen, Fieber und vielem mehr. Beispiele für erwünschte Flavonoidwirkung: Weißdorn für das Herz, Goldrute für die Nieren, Kamille für den Magen oder Mariendistel für die Leber.

BEI DURCHFALL UND ÜBELKEIT

Den guten, altbewährten Kamillentee sollten Sie für Ihren Hund immer zuhause haben. Jegliche leichtere Verdauungssymptome, wie Durchfall, Erbrechen und Übelkeit, können Sie zunächst selber mit Kamillentee behandeln. Geben Sie dazu den Tee einfach in eine Mischung aus Stampfkartoffeln und Hüttenkäse oder abgekochtem Hühnerfleisch. In den meisten Fällen verschwinden die Symptome dann nach ein bis zwei Tagen von selbst. Sollte dies nicht der Fall sein, gehen Sie bitte zum Tierarzt.

ANTHOCYANE

Die Anthocyane, die für die blaue Farbe der Blüten und Fürchte zuständig sind, werden ebenfalls medizinisch genutzt und gehören entfernt zu den Flavonoiden. Sie wirken zellschützend und antientzündlich. Bekannt ist ihre gute Wirkung für das Auge (Heidelbeere) und ihre antibakterielle Wirkung bei beispielsweise Blasenentzündung (Cranberry).

Die leuchtend orange Farbe verdankt die Ringelblume den Flavonoiden.

CUMARINE

Wohlduftend, aber auch gefährlich

Für den intensiven Duft des Steinklees, Waldmeisters und des Labkrautes sind die Cumarine verantwortlich. Dem Hundebesitzer sind diese Wirkstoffe heute als große Gefahr für ihren Hund durch Rattengift bekannt. Einige synthetische Cumarine hemmen die Blutgerinnung und werden daher als Rattengift oder zur Therapie gegen Blutgerinnsel angewendet.

Cumarine – z. B. im Waldmeister – fördern die Durchblutung.

WIRKUNG

Hier müssen verschiedene Cumarine unterschieden werden.
Einfache Cumarine wirken krampflösend auf die Gefäße, leicht sedierend, hemmen Schwellungen und Entzündungen und fördern den Abfluss der Lymphe, sie wirken durchblutungsfördernd. Dicumarol entsteht bei einem Abbauprozess (Fäulnis von cumarinhaltigen Pflanzen) und wirkt gerinnungshemmend. Furanocumarine finden sich vor allem in Doldenblütlern und sie können die Lichtreizschwelle der Haut herabsetzen, wodurch eine sogenannte Phototoxizität entsteht. Das bedeutet, dass nach Berührung solcher Pflanzen Sonnenstrahlen die Haut schneller verbrennen können.

NEBENWIRKUNG

Einige Menschen bekommen nach höherer Dosierung von Cumarinen Kopfschmerzen.
Die im Mai so gern getrunkene und sehr leckere Waldmeisterbowle führt deshalb bei vielen Menschen zu einem „Brummschädel". Extrem überdosiert belasten sie die Leber.
Die Furanocumarine einiger Pflanzen können zu einer Hautreizung führen. Dies ist auch das Phänomen der Hautreizungen bei Berührungen mit Doldenblütlern, wie z. B. dem Riesenbärenklau.

VORKOMMEN

Einfache Cumarine: Steinklee, Ruchgras, Waldmeister und Kamille
Furanocumarine: Arznei-Engelwurz, Bibernell, Liebstöckel, Petersilie, Wiesenbärenklau und Riesenbärenklau

ANWENDUNG

Einfache Cumarine wirken gut bei allen venösen Erkrankungen und helfen der Lymphe, abzufließen. Sie fördern die Durchblutung und werden bei Lymphstau, gegen Schmerzen im Bewegungsapparat, gegen Krämpfe und Blutergüsse angewendet. Sie werden hierzu gern als äußerlich angewendete Kompresse eingesetzt.

Gänseblümchen enthalten Saponine, die bei Erkältung und Bronchitis wunderbar wirken.

SAPONINE

So reinigend wie Seife

„Sapo" bedeutet Seife und so wirken Saponine – sie reinigen wie Seife. Wie Seifen haben sie die Fähigkeit, die Oberflächenspannung herabzusetzen, wirken dadurch emulgierend und bilden Schaum. Sie werden im Darm nicht oder nur sehr wenig aufgenommen und sind dadurch nicht giftig. Sie sind Lösungsvermittler für schlecht resorbierbare Wirkstoffe. Früher wurde mit pflanzlichen Saponinen gewaschen. Auch heute noch ließe sich mit Indischen Waschnüssen, Seifenkraut, Efeu und Rosskastanie gut und umweltfreundlich waschen.

WIRKUNG

Sie wirken vor allem auswurffördernd und bewegen die Sekrete. Durch eine reflektorische Reizung der Nerven führen sie zur verstärkten Lösung des Sekretes der Bronchien. Saponine wirken schweißtreibend und manche von ihnen sogar immunmodulierend. Viele Saponine wirken antimykotisch, antiviral und antibiotisch (gegen Pilze, Viren und Bakterien). Sie wirken stoffwechselanregend und harntreibend, manche tonisierend (stärkend) auf die Venen und membranstabilisierend. Spannend sind neueste Erkenntnisse, nach denen Saponine die Resistenz einiger Bakterien gegen manche Antibiotika aufheben können. Heute werden sie deshalb gern bei Resistenz mit Antibiotika kombiniert.

NEBENWIRKUNG

Saponine können die roten Blutkörperchen auflösen (Hämolyse), da sie die Darmschranke nur schlecht übertreten und kaum ins Blut kommen, ist diese Gefahr allerdings nur bei sehr hoher Überdosierung zu erwarten. Sie sollten nicht bei Blutungen von Magen und Darm angewendet werden.

VORKOMMEN

Goldrute, Efeu, Rosskastanie, Primelwurzel, Seifenkraut, Veilchenwurzel, Schlüsselblume, Birke, Gänseblümchen, Quecke, Stiefmütterchen und Maisblüten enthalten viele Saponine.

ANWENDUNG

Bei Erkältungskrankheiten und Bronchitis sind Saponine unschlagbar. Sie wirken durchspülend bei allen Harnwegsinfekten und Nierenerkrankungen und werden zur allgemeinen Stoffwechselanregung angewendet. Bei venösen Störungen und bei Hauterkrankungen wirken Saponine wunderbar.

JUNGHUNDEHUSTEN

Junge Hunde haben häufig einen unangenehmen Husten. Behandeln Sie diesen immer begleitend mit auswurffördernden Heilpflanzen. Ein Saft aus Efeu oder ein Schlüsselblumentee haben große Wirkung. Beides erhalten Sie in der Apotheke.

FRÜHLING

— Zeit der Stärkung

Die Blüten und Knospen des Löwenzahns schmecken nicht nur köstlich, sie gehören auch zu jeder Frühjahrskur.

FRÜHJAHRSKUREN

Im Frühling macht es Mensch und Hund wieder mehr Freude, in die Natur hinauszugehen. Die Sonne macht glücklich und die Wärme auf der Haut tut gut. Hund und Mensch genießen diese Zeit.

Viele Hunde beginnen, das erste, frische Gras gierig zu fressen, sie grasen regelrecht und einige wälzen sich voller Hingabe auf den ersten warmen Wiesenflächen. Jetzt sprießen die allerersten frischen Triebe, und wer freut sich nicht über den Anblick der ersten zarten Blüten.
Es ist die Zeit der Frühjahrskuren. Die Trägheit und Dunkelheit der letzten Monate will aus dem Körper vertrieben werden. Frühjahrskuren tun nicht nur dem Menschen gut. Auch unsere Hunde profitieren von der jungen, frischen, grünen Kraft der ersten Heilkräuter.
Sammeln Sie auf den täglichen Spaziergängen mit dem Hund die ersten frischen, grünen Kraftpakete und mischen Sie diese täglich frisch unter das Hundefutter. Geben Sie Ihrem Hund zunächst kleine Mengen und am besten vermischt mit leckerer Brühe.

FIT FÜR DAS GANZE JAHR

Hunde, die im Frühjahr eine **Heilpflanzenkur** gemacht haben, bekommen häufig den ganzen Sommer über weniger Zecken, neigen weniger zu Wurmbefall und haben ein kräftiges Immunsystem.
Magen und Darm werden gereinigt und der Hund fühlt sich frisch und gesund. Gehen Sie jetzt viel mit Ihrem Hund hinaus in die Natur und beginnen Sie, die ersten frischen Kraftpakete zu sammeln. Sammeln Sie zunächst aber nur die Pflanzen, die Sie auch ganz gewiss kennen. Geeignete Pflanzen für die Frühjahrskur:

- Scharbockskraut – S. 48
- Knoblauchsrauke – S. 46
- Löwenzahn – S. 47
- Giersch – S. 45
- Gänseblümchen – S. 44
- Wiesenschaumkraut – S. 49
- Gundermann – S. 45
- Brennnessel – S. 43
- Birke – S. 42
- Vogelmiere – S. 49

GRÜNE KRAFTKUGELN – LECKERBISSEN FÜR HUNDE

- 100 g Mandeln oder Haselnüsse
- 100 g gemörsertes Trockenfutter
- 100 g Aprikosen oder Datteln (ungeschwefelt)
- 100 g Wiesenkräuter (Löwenzahn, Gänseblümchen, Giersch, Brennnessel)
- Saft von 1 Zitrone
- Kokosflocken zum Wälzen der fertigen Kugeln

Alle Zutaten in der Küchenmaschine zerkleinern, sodass eine klebrige und feste Teigmasse entsteht. Kleine Kugeln formen, in Kokosraspeln wälzen und über Nacht an der Luft trocknen lassen.

Die Brennnessel ist eine großartige Heilerin und Kraftspenderin.

FRISCHPFLANZENSÄFTE

Im Reformhaus bekommen Sie fast alle Pflanzen auch als Frischpflanzenpresssaft, diese können Sie auch Ihrem Hund geben. Zu Beginn sollten Sie vorsichtig mit der Dosierung sein, da diese Säfte sehr hoch konzentriert sind. Ein halber bis ein Teelöffel reicht in den ersten Tagen. Die Dosis dann langsam steigern. Sie können z. B. eine Kur in folgender Reihenfolge durchführen:
2 Wochen Löwenzahnsaft
2 Wochen Birkensaft
2 Wochen Brennnesselsaft

SMOOTHIES – GRÜNKRAFTTRUNK FÜR HUNDE

Geben Sie in einen guten Mixer:

- 1 Banane
- 1 Apfel
- 1 Karotte

Zwei Hände voll frischer Frühlingskräuter.
Als Flüssigkeit nehmen Sie entweder Saft (siehe oben), Wasser oder Hafermilch – dann können Sie sich den Grüntrunk mit Ihrem Hund teilen (oder Gemüse- oder Fleischbrühe für den Hund). Diesen Trunk können Sie täglich ins Hundefutter mischen.

FRÜHLING
— *Pflanzenporträts*

BÄRLAUCH

— Allium ursinum (Amaryllisgewächse)

Pflanzenkraft Der immer beliebtere Bärlauch, der im Frühling von vielen Menschen so gern gegessen wird, hat es in sich. Er ist ein Frühjahrskuren-Kraftpaket voll mit Energie.
Vor allem reinigt er den Darm und wirkt stark antibiotisch. Er putzt die im Winter angesammelten Schlacken heraus. Bärlauch ist der Inbegriff einer Reinigungspflanze.
Anwendung In kleinen Mengen können Sie im Frühling auch Ihrem Hund Bärlauch zufüttern. Ein Hund mit 20 kg Körpergewicht kann 3-mal die Woche 5 Blätter Bärlauch klein geschnitten mit frischem Fleisch gemischt fressen. Der Bärlauch treibt die Würmer aus und wirkt zeckenabwehrend.

BIRKE

— Betula (Birkengewächse)

Pflanzenkraft Die Wirkstoffe der Birke führen zu einer kräftigen Durchspülung der Nieren. Auch der bekannte Birkensaft eignet sich im Frühjahr hervorragend zu einer entschlackenden Kur.
In der Tierheilkunde fand früher vor allem der Birkenrindentee Anwendung. Er wurde zur Wundreinigung bei Verletzungen eingesetzt. Auch das sogenannte Birkenpech oder der Birkenteer waren in der Tierheilkunde geschätzt. Dazu wurde Birkenrinde so stark erhitzt und verbrannt, bis Pech entstand. Dieses wurde bei Pferderäude und Pilzerkrankungen der Rinder eingesetzt.
Anwendung Die ersten frischen, noch hellen Blättchen der Birke können klein geschnitten in das Hundefutter gemischt werden – Frühjahrskur. Ältere Blätter können frisch oder getrocknet das ganze Jahr über als Tee verwendet werden. Birkensaft kann man im Handel kaufen und dem Hund unter das Futter mischen.

BRENNNESSEL

— Urtica dioica (Brennnesselgewächse)

Pflanzenkraft Die Brennnessel regt den Stoffwechsel an, reinigt von innen und durchspült den ganzen Körper. Sie enthält eine große Vielzahl an Mineralstoffen, die besonders nach einem langen Winter wieder Lebenskraft in den Körper zurückbringen. Zudem besitzt sie antiarthrotische und entzündungshemmende Eigenschaften und eignet sich sehr gut für eine innerliche Therapie bei schmerzhaften, degenerativen Gelenkerkrankungen.

Anwendung Brennnessel ist nicht nur für Menschen ein köstliches Kraut, sie lässt sich leicht angedünstet auch unter das Hundefutter mischen. Immer wieder hört man von Hunden, die selbstständig frische Brennnesseltriebe anknabbern, ein natürlicher Instinkt, den wir nicht unterbinden sollten.

Bei Gelenkbeschwerden wirkt sie am besten in Form von Frischpflanzensaft, Presssaft oder in Tablettenform.

BRUNNENKRESSE

— Nasturtium officinale (Kreuzblütler)

Pflanzenkraft Wächst sie in einem Bach oder Teich, kann man sicher sein, dass dieses Wasser absolut rein und sauber ist. Brunnenkresse war lange Zeit vor allem in der Gourmetküche ein Highlight. Sie ist aber nicht nur sehr schmackhaft, sie ist auch enorm kräftigend und gesund. Brunnenkresse enthält eine Vielzahl an Vitaminen und Mineralstoffen, vor allem viele und sehr starke Senfölglykoside. Das sind in der Natur vorkommende, sehr wirkungsvolle antibiotisch wirkende Stoffe. In kleinsten Mengen wirken sie im Organismus bereits wie ein Breitbandantibiotikum. Diese Wirkung entfalten Senfölglykoside vor allem im Harntrakt und im Atemtrakt.

Sie gehören heute zu den neuen Super-Foods.

Anwendung Da Pflanzen mit Senfölglykosiden sehr scharf schmecken, können diese nur in kleinen Mengen dem Futter zugegeben werden. Heute ist der Phytopharma-Markt allerdings voll mit Nahrungsergänzern dieser Stoffgruppe.

FICHTE UND LINDE

— Baumtriebe und Baumknospen

Pflanzenkraft Zeitig im Frühling und nur sehr kurze Zeit verfügbar, schenken uns einige Bäume kleine wertvolle Köstlichkeiten. Die Triebspitzen der Fichte und die Blattknospen der Linde sind nicht nur sehr schmackhaft, sondern auch noch sehr gesund. Sammeln Sie immer nur so viele, dass der Baum sich davon erholen und weiter wachsen kann. Die Knospen und Triebe sind voller Vitalstoffe und Mineralstoffe.

In der kurzen Zeit im Frühjahr eignen sie sich besonders, um den Futterplan des Hundes damit zu bereichern. Fichtenspitzen wirken wurmtreibend und darmregulierend und gegen allerlei Verdauungsbeschwerden.

Anwendung Blattknospen der Linde ernten, wenn sie kurz vor dem Aufgehen sind (Achtung, man hat nur 2 bis 3 Tage Zeit). Die Knospen in Öl mit etwas Knoblauch anbraten. Eine Delikatesse, die auch von Hunden gern gefressen wird. Fichtenspitzen entweder frisch oder getrocknet, sehr klein geschnitten ins Futter geben. Eignet sich bestens bei Durchfall und Wurminfektionen. Ein wunderbarer Aufräumer im Frühling.

GÄNSEBLÜMCHEN

— Bellis perennis (Korbblütler)

Pflanzenkraft Es schmeckt nicht nur köstlich und lässt sich in der Küche verwenden, seine Inhaltsstoffe Saponine, ätherische Öle, Bitterstoffe, Gerbstoffe und Schleimstoffe machen es zu einer großartigen Heilpflanze. Vor allem in der Kindermedizin wird es als kleine Schwester der Kamille angewendet.

Anwendung Nicht nur der Mensch sollte die ersten drei Gänseblümchen, die er im Frühjahr sieht, zu sich nehmen, um sich von allerlei Krankheit freizuhalten (alte Volksweisheit), auch der Speiseplan des Hundes sollte im Frühling Gänseblümchen enthalten. Ein paar Blüten auf ein Leberwurstbrot – Ihr Hund wird es mögen.

Auch eignet es sich unterwegs sehr gut als Wundpflaster. Frisch zerquetscht auf kleine Wunden aufgetragen, desinfiziert es und regt die Wundheilung an.

GIERSCH

— Aegopodium podagraria (Doldenblütler)

Pflanzenkraft Giersch ist ein wunderbares Wildgemüse, das nicht nur schmeckt, sondern dank seiner Inhaltsstoffe sehr gesund ist. Die ganz jungen, noch gefalteten Blättchen des Gierschs sind ein Genuss. Sie schmecken nach frischen Möhren und Petersilie.
Der Name *Podagraria* weist darauf hin, dass diese Pflanze seit Jahrhunderten in der Volksmedizin zur Linderung der Schmerzen bei Rheuma und Gicht (*Podagra* – Gicht im großen Zeh) Verwendung fand. Er war schon immer die Pflanze gegen Gicht und sollte auch heute wieder mehr Beachtung finden. Er enthält viel Kalium, Flavonoide, Vitamin C und Eisen.
Der Giersch spült außerdem kräftig angesammelte Harnsäure aus dem Körper. Das ist nicht nur im Frühling für Menschen, die viel Fleisch essen, gesund, sondern auch für Dalmatiner. Diese weisen einen menschenähnlichen Stoffwechsel auf und lagern bei unsachgemäßer Ernährung zu viel Harnsäure ein.
Anwendung Sammeln Sie im Frühling täglich einige junge Triebe und mischen Sie diese unters Hundefutter. Ihr Hund wird es lieben.

GUNDERMANN

— Glechoma hederacea (Lippenblütler)

Pflanzenkraft Kleine, gut duftende, am Boden und an Zäunen rankende Pflanze mit blauen Blüten.
Der Gundermann ist ein kleiner, kräftiger „Entgifter", bereits Van Gogh trank täglich Gundermann-Tee, um sich vor der Bleivergiftung zu schützen. Er durchspült die Nieren und bietet gute Hilfe bei Husten und Verschleimung.
Anwendung Mischen Sie täglich ein paar Blättchen, klein geschnitten, unter das Hundefutter. Besonders gut wirken die Wirkstoffe des Gundermanns, wenn er in Milch oder Sahne, also in fettreicher Flüssigkeit, gelöst wird. Buttermilch mit Gundermann schwemmt Schwermetalle aus.
Äußerlich dient er zur Wundreinigung, vor allem bei eitrigen Wunden.

HOLUNDER

— Sambucus (Moschuskrautgewächse)

Pflanzenkraft Der Holunder gehört zu einer unserer ältesten und bekanntesten Heilpflanzen. In unserer Kultur spielte er traditionell immer eine sehr große Rolle. Er war den Menschen sogar so wichtig, dass sie ihren Hut vor dem Hollerbusch zogen und ihn grüßten. Es gibt unzählige Geschichten und Mythen um den Holler. Auch heute können wir uns viele seiner heilträchtigen Eigenschaften zunutze machen, und auch für unsere Hunde bietet er Hilfe. Der Tee aus den Blüten des Holunders wirkt fiebersenkend und immunmodulatorisch. Er wärmt von innen und wirkt hustenlindernd.
Anwendung Sammeln Sie im Frühjahr Holunderblüten und trocknen Sie sie sanft zuhause an einem warmen und luftigen Platz. So haben Sie Holunderblüten für das ganze Jahr und können Ihrem Hund bei Bedarf einen Tee daraus bereiten.

KNOBLAUCHSRAUKE

— Alliaria petiolata (Kreuzblütler)

Pflanzenkraft Früher war sie im Bauerngarten als Gemüse gern gesehen. Man erkennt sie an ihrem zarten Duft nach Knoblauch, wenn man ein Blatt zwischen den Fingern zerreibt. Sie gehört zu den Kreuzblütlern, enthält Senfölglykoside und man verwendet ihre Blätter und Blüten. Sie wirkt antientzündlich, antibiotisch, leicht harntreibend und schleimlösend. In der Volksmedizin wurde sie zur Behandlung von Insektenstichen und Wurmerkrankungen angewendet.
Anwendung Sie kann den ganzen Frühling über frisch gesammelt werden. Geben Sie eine kleine Portion der Knoblauchsrauke ins Hundefutter, sie reinigt kräftig von innen heraus. Die Knoblauchsrauke riecht zwar nach Knoblauch, sie enthält aber nicht das für Hunde toxische Allicin und kann somit sehr gut verfüttert werden.

LÖWENZAHN

— Taraxacum officinale (Korbblütler)

Pflanzenkraft Er kommt als häufiges Wildkraut auf Wiesen, an Wegrändern und in Gärten vor. Der Löwenzahn wirkt blutreinigend, harntreibend, anregend auf den Stoffwechsel, die Verdauungsdrüsen, auf Leber und Galle. Er wirkt vor allem durch seine Bitterstoffe und enthält eine ganze Menge Kalium. Ein wahrer Energieriegel von der Wiese, der den gesamten Stoffwechsel ankurbelt.
Zudem fördert er die Rückresorption von Gallensäuren und wird dadurch bei Gallenleiden eingesetzt.

Anwendung Der Löwenzahn ist ein Multitalent unter den Heilpflanzen und man verwendet alle seine Pflanzenteile zu jeder Jahreszeit. Im Frühling sammeln Sie unterwegs die zarten, frischen, jungen Blätter und mischen sie klein geschnitten unter das Hundefutter. Später können Sie auch die Blüten und Knospen verfüttern.

SAUERAMPFER

— Rumex acetosa (Knöterichgewächse)

Pflanzenkraft Um den Wiesen-Sauerampfer von den anderen auf der Wiese wachsenden Ampferarten unterscheiden zu können, muss man schon genauer hinsehen und recht gut botanisieren können. Hat man die Unterschiede allerdings einmal erkannt, dann sieht man recht schnell auf einen Blick den Unterschied. Spätestens am Geschmack lässt er sich eindeutig erkennen. Er schmeckt herrlich frisch-säuerlich. Sauerampfer lässt sich Hunden gut ins Futter mischen. Er steckt voller Frühlingskraft und enthält viele Vitamine und Mineralstoffe. Besonders im Frühling wirken die frischen Blätter kräftigend und reinigend. Man sollte nicht zu viel füttern, denn die enthaltene Oxalsäure ist, in großen Mengen genossen, nicht sehr bekömmlich.

Anwendung Vor allem in der Frühjahrskur eignet sich Sauerampfer hervorragend. Der Sauerampfer im Futter kurbelt den Stoffwechsel an, spült die Nieren durch und reinigt das Blut.
Der Wiesen-Sauerampfer enthält eine sehr große Menge an Vitamin C. Auch reguliert er Verdauungsprobleme und wirkt sich gut auf die Darmflora aus.

SCHARBOCKSKRAUT

— Ficaria verna (Hahnenfußgewächse)

Pflanzenkraft Das Scharbockskraut enthält eine sehr große Menge an Vitamin C, genau das, was dem Körper in unseren Breiten nach einem langen Winter guttut. Sein Name leitet sich von Scharbock (Skorbut) ab, da seine Vitamin-C-haltigen Blätter gegen diese Mangelerscheinung in früheren Zeiten eingenommen wurden. Natürlich synthetisieren Hunde Vitamin C selber und sind nicht, wie der Mensch, auf eine Aufnahme angewiesen. Dennoch kurbeln diese kleinen Energieblättchen den gesamten Stoffwechsel unserer Hunde an.

Anwendung Erste Blättchen im Frühling können täglich gesammelt und klein geschnitten über das Hundefutter gestreut werden. Eine halbe Hand voll genügt. Gesammelt werden die Scharbockskrautblättchen aber nur so lange, bis es anfängt, zu blühen. Sobald die gelben Blüten erscheinen, bildet die Pflanze einen Stoff, das Protoanemonin, der nicht gut verträglich ist.

SPITZWEGERICH

— Plantago lanceolata (Wegerichgewächse)

Pflanzenkraft Spitzwegerich schmeckt herrlich nach frischen Pilzen und passt wunderbar in Salat, Suppe oder ins Omelette. Auch Hunde nehmen Spitzwegerich gern auf. Der Spitzwegerich, wenn er frisch im Frühling aus der Erde kommt, enthält eine Vielzahl an Mineralstoffen und Vitaminen. Er wirkt antidiabetisch und antibiotisch. Seine Schleimstoffe und der Wirkstoff Aucubin, der antibiotisch wirkt, wird bei Husten und Atemwegserkrankungen angewendet.
Der frische Saft des Spitzwegerichs wirkt entzündungshemmend und juckreizlindernd bei Stichen und Wunden.

Anwendung Als Wiesenpflaster wirkt der frische Saft stark entzündungshemmend und reizlindernd bei Insektenstichen oder Brennnesselverbrennungen. Dazu werden frische Blätter in der Hand zu einem Bällchen gerieben und so lang gepresst, bis der dunkelgrüne Saft heraustritt. Dieser wird dann pur auf Wunden, Blasen und Stiche gegeben.
Innerlich wirkt Spitzwegerich als Hustensaft und Tee (siehe S. 153). Auch als Frischpflanze im Hundefutter findet er Anwendung.

VOGELMIERE

— Stellaria media (Nelkengewächse)

Pflanzenkraft Auch die Vogelmiere gehört nicht nur auf den menschlichen Speiseplan, sie tut dem Hund genauso gut.
Ihr hoher Gehalt an Vitamin C und Saponin erfrischt den Körper im Frühling.
Fast in Vergessenheit geraten ist die wundheilfördernde Wirkung der Vogelmiere.
Anwendung Der Geschmack der Vogelmiere ist fein und auch der wählerischste Hund mag dieses frische Kraut in seiner Portion Fleisch gern fressen.
Sie können auch eine Heilpflanzensalbe zubereiten, oder die frische Pflanze, gepresst und gestampft, auf schlecht heilende Wunden auftragen.

WIESENSCHAUMKRAUT

— Cardamine pratensis (Kreuzblütler)

Pflanzenkraft Zartrosa erblühen die Wiesen im Frühling. Das Wiesenschaumkraut ist nur kurze Zeit im Jahr zu sehen. Nutzen Sie es nicht nur für die eigene Küche, sondern verwenden Sie es auch für die Frühjahrskur Ihres Hundes. Es enthält Senfölglykoside, Bitterstoffe und Vitamin C und schmeckt hervorragend. Es wirkt antiseptisch und anregend auf Niere und Leber.
Anwendung Das Wiesenschaumkraut können Sie im Frühling Ihrem Hund klein geschnitten ins Futter geben.

HEILPFLANZEN SAMMELN UND ANWENDEN

In der Natur Wildkräuter zu sammeln, ist ein Genuss und Entspannung pur. Genaues Hinsehen und Kennen der Pflanzen ist wichtig! Doch selbst wenn Sie nur zwei oder drei Pflanzen kennen, ist das eine Bereicherung.

HEILPFLANZEN SAMMELN

- Besorgen Sie sich ein gutes Bestimmungsbuch, besuchen Sie Heilpflanzenexkursionen und gehen Sie mit kräuterkundigen Menschen in die Natur, um die Heilpflanzen kennenzulernen.
- Sammeln Sie natürlich nichts, von dem Sie nicht hundertprozentig wissen, was es ist! Manche Verwechslungen können tödlich enden. Zwar haben wir in Deutschland nur wenige wirklich giftige Pflanzen, aber ein falscher Griff kann genügen und Ihrem Hund schaden, darum lernen Sie unsere heimischen Heilpflanzen erst genau kennen.
- Beginnen Sie mit den Pflanzen, die Sie bereits gut erkennen. Gänseblümchen, Löwenzahn, Birkenblätter und Brennnessel tun Ihrem Hund sehr gut. Nach und nach können Sie seinen Speiseplan dann erweitern.
- Sammeln Sie nur an sauberen Standorten, aber seien Sie nicht allzu besorgt. Vieles von dem Gemüse, das Sie im Supermarkt oder auf dem Wochenmarkt kaufen, ist auch an stark befahrenen Straßen gewachsen. Was in dem teuren Trockenfutter ist, das Sie kaufen, wollen Sie wahrscheinlich gar nicht wissen.
- Haben Sie keine Angst vor Parasiten wie z. B. dem Fuchsbandwurm. Eine gesunde und naturnahe Ernährung wird Ihren Hund robust und seine Abwehr stark machen. Zudem wird die Gefahr des Fuchsbandwurms überbewertet. Sammeln Sie mit Bedacht, achten Sie auf Wildwechsel und meiden Sie diese Stellen.
- Sammeln Sie an einem Standort nicht alle Pflanzen, lassen Sie immer etwas stehen, damit die Pflanze sich wieder erholen kann.
- Transportieren Sie die gesammelten Pflanzen in einem Korb oder in Stofftaschen, nutzen Sie niemals Plastiktüten. Hier fangen die Pflanzen schnell an zu schwitzen und dies schadet ihrer Heilwirkung. Zudem bilden sich schnell unangenehme Keime und Pilze.

Viele Heilpflanzen können Sie selbst sammeln und entweder frisch verfüttern oder als Vorrat trocknen.

HUNDE-MUFFINS

- 1 ½ Tassen Vollkornmehl
- 1 Tasse Haferkleie
- 1 Tasse Haferflocken
- 2 Teelöffel Backpulver
- 1 Tasse Milch
- 1 Ei
- 3 Esslöffel Honig
- 3 Esslöffel Pflanzenöl
- 1 Hand voll trockenes, klein geschnittenes Lamm- oder Rindfleisch
- 1 Hand voll klein geschnittene Kräuter (Brennnessel, Giersch, Gänseblümchen, Schafgarbe, Scharbockskraut, Löwenzahn)
- 1 Banane
- 1 Apfel

1. Mehl, Haferflocken, Kleie und Backpulver mischen und langsam die handwarme Milch hinzugeben.
2. In einer zweiten Schüssel das Ei, den Honig und das Öl mischen.
3. Obst, Fleisch und Kräuter mit einem Küchenmixer fein zerkleinern und unter die Honig-Öl-Ei-Mischung geben.
4. Danach die Mehlmischung hinzugeben. Alles gut verrühren.
5. Muffinformen damit füllen und ca. 20–30 Minuten im vorgeheizten Backofen backen.

Eine gute Durchlüftung ist beim Trocknen wichtig.

Sammeln Sie nur Pflanzen, die Sie sicher bestimmen können.

VORRATSHALTUNG

PFLANZEN TROCKNEN

Viele Pflanzen lassen sich sehr gut trocknen, sodass man sie lange gebrauchen kann und immer auf Vorrat hat. Legen Sie hierzu die Pflanzen auf Tüchern aus. Sie können ein Betttuch über einen Wäscheständer legen und darauf die Kräuter locker auslegen. Trocknen Sie die Kräuter an einem luftigen, schattigen Ort. Nach dem Trocknen verwahren Sie die Kräuter am besten in dunklen Gläsern oder Tongefäßen. Zerkleinern Sie die Pflanzenteile nicht zu sehr, sondern lassen Sie die Blätter und Kräuter in großen Stücken trocknen. Erst kurz vor Gebrauch sollten Sie die Pflanzen stark zerkleinern, evtl. sogar morsern. So verhindern Sie, dass die wertvollen Wirkstoffe schon vorher verlorengehen (umso stärker die trockenen Kräuter zerkleinert sind, umso mehr Wirkstoffe treten aus ihnen heraus). Das ist der Grund, weshalb Tee im Beutel deutlich weniger Inhaltsstoffe enthält als grobe Ganzblattware. Viele Hunde tolerieren zu Pulver gemörserte Pflanzenteile im Futter sehr gut.

FRISCHPFLANZEN ZU SAFT PRESSEN

Dazu benötigen Sie einen Entsafter oder eine Saftpresse. Geben Sie die von Ihnen gewünschte Menge Frischpflanzen in den Entsafter und verwenden Sie den frischen Presssaft möglichst sofort (siehe S. 55).
Gute Frischpflanzenpresssäfte erhalten Sie auch im Reformhaus, z. B. von den Firmen Florabio, Herbaria und Schöneberger.

PFLANZEN TIEFGEFRIEREN

Sie können kleine Kräuterpakete herstellen, indem Sie frische Kräuter mischen oder einzeln in Eiswürfelbehälter geben und tiefgefrieren. So haben Sie lange Zeit täglich frische Kräuter.

So einfach kann es gehen: Junge Birkenblätter im Hundefutter.

WIE KOMMEN DIE PFLANZEN IN DEN HUND?

Nicht jeder Hund ist so gefräßig, dass man ihm einfach so Kräuter unter das Futter mischen kann. Es gibt allerdings einige Tricks, wie Sie es trotzdem schaffen, die Heilpflanzen in Ihren Hund zu bekommen. Haben Sie einen jungen Hund, können Sie ihn von Beginn an an die Fütterung von Kräutern gewöhnen. Manch älterer Hund ist sehr wählerisch und frisst nur noch das, was er kennt. Lassen Sie sich dadurch nicht entmutigen. Einige der hier aufgeführten Dinge sind zur Gesunderhaltung Ihres Hundes gedacht, Sie können diese Gaben aber immer variieren und an Ihren Hund anpassen.

— Beginnen Sie erst mit einer winzig kleinen Menge und steigern Sie diese langsam, bis Ihr Hund es gern frisst.

— Täuschen Sie Ihren Hund mit geschmackvollen Zutaten wie Ziegenmilch, Käse, Brühe oder Buttermilch. Seien Sie nicht entmutigt, wenn Sie einen mäkeligen Fleischfresser oder Fertigfutterfresser zuhause haben. Auch diese Hunde lassen sich oft überzeugen.

— Anders ist es bei Erkrankungen: Wollen Sie Phytotherapeutika als Therapie anwenden, müssen Sie trickreich und manchmal auch bestimmt sein. Die von Ihrem Tierarzt verschriebenen Pillen müssen Sie schließlich auch in Ihren Hund bekommen. Viele Heilpflanzen gibt es mittlerweile auch als Tabletten oder Tinktur, diese müssen Sie Ihrem Hund, wenn nötig, eingeben.

Soll gezielt die Wirkung der Flavonoide (siehe S. 34) genutzt werden, dann verwenden Sie keine Milchprodukte zur Zubereitung. Diese heben die Wirksamkeit der Flavonoide auf.

PFLANZEN FRISCH FÜTTERN

Am naturnahsten ist es, wenn Sie die Kräuter sehr klein schneiden und frisch unter das Futter mischen. Einige gröbere Pflanzenteile können Sie auch kurz andünsten oder einmal kurz in heißes Wasser geben. Auch die Brennnessel ist einfacher zu fressen, wenn Sie sie kurz andünsten. Frischpflanzen, klein geschnitten und dann im Mixer mit einem Schuss Buttermilch gemixt, können ganz wunderbar in das Nassfutter gemischt werden.

Füttern Sie Ihrem Hund gesunde, frische und selbstgemachte Kost, dann wird er sicher auch die Kräutermischung zu sich nehmen. Manche Hunde sind **Dosennahrung** so sehr gewohnt, dass sie sich nur schlecht von anderem Futter überzeugen lassen. Mischen Sie langsam die Kräuter unter das Dosenfutter und steigern Sie die Menge täglich. Wollen Sie die Kräuter unter das **Trockenfutter** mischen, dann ist es besser, wenn Sie es vorher in warmem Wasser einweichen. Das lässt die Aromen besser zur Geltung kommen und diese überdecken dann den Geschmack der Kräuter. Auch ein Leberwurstkügelchen oder Hundewurststückchen mit Kräutern ist gut geeignet, den schleckigen Hund zu überzeugen. Achten Sie hierbei auf unbehandelte, biologische Ware. Auch Kräuterbutter wird von vielen Hunden geliebt. Natürlich diese nur in kleinen Mengen füttern.

GETROCKNETE PFLANZEN FÜTTERN

Teezubereitung Am besten bereiten Sie aus getrockneten Pflanzen einen Tee zu. Hierzu mörsern Sie die gewünschte Menge Pflanzen und übergießen diese mit heißem Wasser. Lassen Sie dieses Gemisch so lange stehen, bis das Wasser lauwarm ist und geben Sie dann den Tee mit den Pflanzenteilen über das Hundefutter.

Breizubereitung Sie können getrocknete Pflanzen auch zu Pulver mahlen oder mörsern und sie dann mit nur sehr wenig heißem Wasser übergießen, 15 Minuten ziehen lassen und diesen Brei in Buttermilch, Ziegenmilch, Fleischbrühe oder Fischsud geben. Der Kräuterbrei lässt sich auch eingedickt in Fleisch verstecken.

☞ MENGENANGABEN – GETROCKNETE PFLANZEN ALS TEE ODER BREI

KÖRPERGEWICHT	MENGE
1–5 kg	1 Teelöffel auf eine halbe kleine Kaffeetasse Wasser
6–20 kg	1 Esslöffel auf eine kleine Kaffeetasse Wasser
21–40 kg	2 Esslöffel auf eine Kaffeetasse Wasser

Pflanzen können entweder an einer Schnur aufgehängt …

PFLANZENPRESSSÄFTE

Diese können Sie selbst zubereiten oder im Reformhaus kaufen (siehe S. 41). Frischpflanzenpresssäfte sind sehr intensiv im Geschmack und müssen daher oft langsam in der Menge gesteigert werden. Doch sie haben es ganz schön in sich und auch schon in kleinen Mengen ist sehr viel Wirkstoff enthalten.

Im Frühling können Sie Brennnesseln, Giersch, Löwenzahn, Gänseblümchen, Wegerich, Vogelmiere, Sauerampfer und Bärlauch in gleichen Anteilen pressen und Ihrem Hund 2-mal täglich davon 1 Esslöffel eingeben (bei kleinen Hunden 1 Teelöffel) oder ins Futter mischen. Verdünnen Sie den Frischsaft mit Ziegen- oder Buttermilch oder geben Sie Fleischbrühe dazu, um es schmackhafter zu machen. Auch Leinsamenschleim neutralisiert ein wenig den Geschmack.

Manchmal kann es auch nötig sein, im Rahmen einer Heilpflanzentherapie, dem Hund seinen Tee oder Saft einzugeben. Hierzu nimmt man einen Esslöffel voll Saft und flößt diesen vorsichtig aber bestimmt und ohne Zögern in die Backen des Hundes ein.

HUNDEKEKSE BACKEN

- 100 g frische Kräuter (Löwenzahn, Gänseblümchen, Giersch, Vogelmiere), fein gehackt
- 50 g klein geschnittenes Fisch- oder Fleischfilet
- 150 g Roggenmehl
- 50 g Dinkelmehl
- 50 g Magermilchpulver
- 1 ganzes Ei
- 50 ml Speiseöl
- 50 ml Fleischbrühe

Mehl und Milchpulver mischen. Den Fisch oder das Fleisch mit dem Mehl vermischen. Das Speiseöl mit der Fleischbrühe, den Kräutern und dem Ei gut verrühren, die Mehl-Fisch/Fleisch-Mischung dazugeben und rasch zu einem festen Teig verkneten. Den Teig in einen langen Streifen ausrollen und zu einer Rolle formen. Das Ganze eine Stunde im Kühlschrank unbedeckt ruhen lassen. Danach die Teigrolle in ca. 1 cm dicke Scheiben schneiden und auf ein gefettetes Backblech legen. Bei 180 °C 15 – 20 Minuten backen.

… oder auf Holzrahmen gelegt werden. Diese müssen luftdurchlässig sein.

HAUT UND FELL

An der Haut und am Fell unserer Hunde erkennen wir oft schon deren Gesundheitszustand. Schöne Haut und glänzendes Fell sind ein Zeichen von Gesundheit. Heutzutage haben viele Hunde Probleme mit der Haut.

Viele Hauterkrankungen haben ihre Ursache im Inneren des Körpers. **Leber-, Nieren- und Darmerkrankungen** zeigen sich häufig in Form von Hautveränderungen. Endokrinologische Erkrankungen, wie die der **Schilddrüse**, der Nebennierenrinde oder der Bauchspeicheldrüse, zeigen oft ihre Schäden an der Haut und im Fell. Der Körper entgiftet über die Haut, daher ist es nicht verwunderlich, dass bei Ansammlung von „Giftstoffen" bei inneren Erkrankungen die ersten Anzeichen auf der Haut zu sehen sind. Auch **Allergien** oder häufiger und starker Parasitenbefall deuten oft auf ein Problem hin, das tiefer liegt. Gesundes, glänzendes Fell und eine gesunde Haut benötigen einen gesunden Organismus. Daher ist es wichtig, bei Hauterkrankungen immer den gesamten Organismus zu untersuchen. Hierzu gehören Blut- und Kotuntersuchungen des Hundes sowie die Untersuchung von Hautproben (sogenannte Hautgeschabsel) unter dem Mikroskop.

Hat Ihr Hund eine Hauterkrankung, so achten Sie auch auf seine Verdauung. Ein träger oder kranker Darm zeigt sich häufig in einer schlechten Haut. Somit ist klar, dass sich viele Hauterkrankungen nur von innen heraus heilen lassen, indem man ihre Ursache behandelt.

ANREGEN DES HAUTSTOFFWECHSELS

Begleitend zur Therapie Ihres Tierarztes können Sie die Haut auch von innen heraus unterstützen, indem Sie den Hautstoffwechsel anregen. Auch viele internistische Erkrankungen, wie z. B. der Leber, des Darms oder der Schilddrüse, lassen sich wunderbar phytotherapeutisch begleiten. Fragen Sie Ihren Tierarzt danach und informieren Sie ihn über Ihren Wunsch, phytotherapeutisch unterstützen zu wollen. Es geht hierbei nicht darum, schwerwiegende internistische Erkrankungen auf eigene Faust allein mit Heilpflanzen heilen zu wollen, sondern es geht immer um eine sinnvolle Begleittherapie.

BRENNNESSEL – S. 43

Sie eignet sich nicht nur zur äußerlichen Anwendung, z. B. als Shampoo, sie ist auch eine hervorragende Ausputzerin für innen. Sie wirkt stark anregend auf die Nieren, ist entzündungshemmend und regt den gesamten Stoffwechsel an. Brennnesselsamen (siehe S. 183), im Herbst gesammelt, getrocknet und über den Winter gefüttert, sind reines Haut- und Kraftfutter. Das Fell wird glänzend und die Haut widerstandsfähiger.

Geben Sie im Frühjahr die ersten drei Gänseblümchen in das Futter Ihres Hundes und regen Sie damit seinen Stoffwechsel an.

ACKERSTIEFMÜTTERCHEN – S. 124

Die kleinen, wilden, wunderschönen Ackerstiefmütterchen sind wunderbare Heiler für die Haut. Sie heilen von innen und von außen gleichermaßen gut. Sie wirken innerlich und äußerlich entzündungshemmend, stoffwechselfördernd, schmerzlindernd und kortisonähnlich. Das Ackerstiefmütterchen gehört in jede Haut-Tee-Mischung. Die Volksmedizin kennt es als Hautpflanze, die schon bei Säuglingen angewendet wird. Auch Hunde profitieren von seiner regulierenden und heilsamen Wirkung auf die Haut.

GÄNSEBLÜMCHEN – S. 44

Auch dieses kann innerlich bei Hauterkrankungen verwendet werden. Es wirkt anregend auf den Stoffwechsel. Verwenden Sie es frisch oder getrocknet als Tee.

BIRKENBLÄTTER – S. 42

Sie gehören ebenfalls in Teemischungen, die darauf abzielen, die Entgiftungsorgane anzuregen. Birkenblätter helfen der Niere auf die Sprünge und spülen diese ordentlich durch. Die frühere Anwendung von Birkenrinde beim Tier zur Behandlung der äußeren Haut (siehe S. 71) ist vor allem dann interessant, wenn man die neueste wissenschaftliche Forschung zum Betulin betrachtet. Heute wird dieser Stoff aus der Birkenrinde extrahiert und findet vielversprechende Verwendung in der humanmedizinischen Wundversorgung.

LÖWENZAHN – S. 47

Er reinigt vor allem Leber und Galle und regt somit den Stoffwechsel an. Auch er kann für innerlich angewendete Haut-Tees verwendet werden.

ACKERSCHACHTELHALM – S. 124

Er enthält eine sehr große Menge an Kieselsäure und anderen Mineralien. Diese wirken bindegewebsfestigend und regen den Hautstoffwechsel an. Wichtig ist, ihn dafür richtig zuzubereiten.

Ackerschachtelhalm-Dekokt Lassen Sie den Ackerschachtelhalm über Nacht in kaltem Wasser stehen und kochen Sie ihn dann am nächsten Morgen 20 Minuten lang. Stellen Sie ihn zur Seite und seihen ihn erst ab, wenn er abgekühlt ist. Diesen Dekokt (Absud) flößen Sie Ihrem Hund ein oder geben ihn ins Futter. Ein 20 kg Hund sollte 2-mal täglich eine halbe Tasse Dekokt bekommen.

TEEMISCHUNG – BLUTREINIGEND

- 100 g Stiefmütterchenkraut
- 50 g Brennnesselkraut
- 50 g Gänseblümchenblüten
- 50 g Klettenwurzel

1 Teelöffel davon auf eine Tasse Wasser, abseihen und ins Futter geben.
Auch äußerlich wirkt dieser Tee Wunder. Baden Sie Ihren Hund damit oder betupfen Sie die betroffenen (entzündeten) Hautstellen.

TEEMISCHUNG – IMMUNSYSTEMSTÄRKEND

- 25 g Ackerstiefmütterchen
- 25 g Ackerschachtelhalm
- 25 g Brennnessel
- 25 g Zistrose

Diese Mischung eignet sich hervorragend bei allen Hautsymptomen. Sie sorgt für einen regen Stoffwechsel, entgiftet und stärkt das Immunsystem.
1 Teelöffel der Drogenmischung mörsern, dann mit einer halben Tasse siedendem Wasser übergießen, 10 Minuten stehen lassen, etwas kaltes Wasser dazugeben und das Ganze über das Futter geben.

TEEMISCHUNG – STOFFWECHSELANREGEND

- 20 g Brennnessel
- 20 g Löwenzahn, Kraut und Wurzel
- 20 g Schafgarbe
- 20 g Goldrute
- 20 g Ackerstiefmütterchen

1 Teelöffel der Drogenmischung mörsern, dann mit einer halben Tasse siedendem Wasser übergießen, 10 Minuten stehen lassen, etwas kaltes Wasser dazugeben und über das Futter geben. Dieser Tee aktiviert Niere und Leber und kurbelt den Stoffwechsel kräftig an.

TEEMISCHUNG – BEGLEITENDER LEBER-TEE

- 25 g Schafgarbe
- 25 g Minze
- 25 g Fenchel
- 25 g Löwenzahn, Kraut und Wurzel

1 Teelöffel davon mit einer Tasse heißem Wasser übergießen, 7 Minuten zugedeckt ziehen lassen. 2 Tassen täglich ins Futter geben. Geben Sie diesen Tee begleitend bei Lebertherapien.

Die Wurzeln des Löwenzahns enthalten Inulin, das sehr gesund für die Darmflora ist.

Die Schafgarbe regt den gesamten Stoffwechsel an und ist eine ausgezeichnete Leber- und Wundheilpflanze.

UNTERSTÜTZUNG BEI LEBERERKRANKUNGEN

MARIENDISTEL – S. 134

Sie ist die große Heilpflanze der Leber und gehört zu fast jeder Hauttherapie. Bitten Sie Ihren Tierarzt um eine begleitende phytotherapeutische Therapie, wenn Ihr Hund eine Lebererkrankung hat. Außerdem ist es sinnvoll, fast jede Hauterkrankung innerlich zu unterstützen, indem man die Arbeit der Leber anregt. Bei der begleitenden Behandlung von Hauterkrankungen eignen sich vor allem Fertigpräparate, entweder humanmedizinisch aus der Apotheke, dem Reformhaus oder tiermedizinisch erhältlich bei Ihrem Tierarzt. Ein gutes Präparat ist das PlantaHepar® der Firma PlantaVet. Es enthält neben Mariendistel noch viele weitere sehr gute Heilpflanzen, die alle den Leberstoffwechsel unterstützen.

LÖWENZAHN – S. 47

Er regt den gesamten Stoffwechsel, die Niere und Lebertätigkeit an und entgiftet damit kräftig. Der Gallefluss wird gesteigert und die Verdauung angeregt. Ein wahrer Durchputzer. Ein innerlich gereinigter Organismus glänzt nach außen hin mit einer guten, gesunden Haut und gesundem Fell.

ARTISCHOCKE

Der Extrakt der Artischockenblätter ist ein sehr guter Bitterstofflieferant (siehe S. 30 f.), der den Stoffwechsel anregen und den Organismus entgiften kann. Er hat außerdem einen guten Effekt auf den Fettstoffwechsel. Hunde mit Schilddrüsenunterfunktion, deren Haut und Fell häufig krank erscheint, profitieren von Artischockenpräparaten.

SCHAFGARBE – S. 136

Sie ist eine milde aber wirkungsvolle Leberpflanze. Außerdem regt sie den gesamten Stoffwechsel an und heilt die Haut von innen. Von alters her wurde sie bei Hauterkrankungen sowohl innerlich als auch äußerlich angewendet.

Artischocke kann auch bei Diäten gegeben werden.

BISSWUNDEN

Neben den internistischen Ursachen für Hautprobleme gibt es natürlich auch diese, die direkt auf der Haut entstehen, wie Parasitosen, Pilzinfektionen oder einfache Verletzungen und Wunden. Oft sieht man die Folgen einer Bisswunde zunächst gar nicht. Der winzig kleine Einbiss eines Zahnes verschließt sich schnell und häufig ist nicht einmal Blut zu sehen. Diese Bisswunden haben die unschöne Eigenschaft, hin und wieder unterhalb der schnell geschlossenen Wunde zu einem Abszess heranzuwachsen. Die Keime der Maulhöhle werden bei einem solchen Biss praktisch unter die Haut geimpft und beginnen sich dort im ungünstigsten Fall auszubreiten.
Das ist der Grund, weshalb Tierärzte Bisswunden gern sofort antibiotisch abdecken, um eine solche Ausbreitung der Keime zu verhindern. Viele Bisse, vor allem bei funktionierendem Immunsystem, heilen allerdings komplikationslos ab. Suchen Sie Ihren Hund nach einer Rauferei gründlich nach kleinen Einbissen ab und desinfizieren Sie kleinere Wunden sofort. Beobachten Sie diese Stellen genau und suchen Sie bei Schwellung oder Wärme einen Tierarzt auf.

ANTIBIOTIKA

Es ist nicht unbedingt nötig, sofort nach einem Biss ein Antibiotikum zu verabreichen. Wird ein Antibiotikum erst bei sichtbarer Infektion gegeben, so ist es nicht zu spät, sondern der eigentlich indizierte Zeitpunkt zur Antibiotikatherapie. Sehr viele Hunde erhalten allerdings ein Antibiotikum prophylaktisch, auch wenn es nie zu einer Infektion gekommen wäre. Dies können Sie Ihrem Hund ersparen. Hierbei kommt es allerdings auch auf die Körperstelle an, an der sich der Biss befindet. Manche Regionen sind empfindlicher als andere. Zeigen Sie die Wunden Ihrem Tierarzt und fragen Sie ihn, ob mit einer antibiotischen Behandlung nicht erst einmal, unter sehr guter Beobachtung, abgewartet werden kann.

HEILPFLANZENZUBEREITUNGEN

Heilpflanzenzubereitungen unterstützen und fördern die Selbstheilungskräfte der Wunde. Pflanzen mit entzündungshemmender, zusammenziehender oder schmerzlösender Wirkung werden meist im Akutfall angewendet:
Eiche, Blutwurz, Kamille

Bei einer normal verlaufenden Wundheilung kann man unterstützend milde, desinfizierende und granulationsfördernde Heilpflanzen verwenden: **Ringelblume, Schafgarbe**
Eine träge, stagnierende Wundheilung wird zusätzlich mit immunstimulierenden Pflanzen behandelt: **Sonnenhut, Kohl**

PFLANZLICHE DESINFEKTIONSMITTEL

Eine Vielzahl von Heilpflanzen kann äußerlich bei Hautwunden eingesetzt werden. Viele von ihnen wirken sehr gut antiseptisch und somit als pflanzliches Desinfektionsmittel.

RINGELBLUME – S. 136

Sie ist die wichtigste Wundheilpflanze, ihre Wirkstoffe fördern die Neubildung von Hautzellen und führen zu einem raschen Wundverschluss. Sie wirkt stark entzündungshemmend, antibakteriell, antiviral und fungistatisch.

☞ ANWENDUNGSFORMEN

GRUNDLAGE	ERKRANKUNGS-STADIUM	WIRKUNG
Tee **Tinktur**	akut	desinfizierend, kühlend, reinigend
Creme **Pflegemilch** **Salbe**	subakut	entzündungshemmend, granulationsfördernd
Fettsalbe **Öl** **Paste**	chronisch	pflegend, aktivierend

☞ RINGELBLUMENSALBE SELBST HERSTELLEN

01 Sammeln Sie zwei Hand voll Ringelblumenblüten. Alternativ kaufen Sie in der Apotheke getrocknete Blüten.

02 Geben Sie die Blüten in 100 ml Olivenöl und erwärmen Sie es zusammen in einem Wasserbad (nicht über 70 °C).

03 Nun 30 bis 60 Minuten vorsichtig, unter Rühren, ausziehen. Vorsicht – die Blüten nicht frittieren!

04 Danach die Kräuter durch eine Kompresse abgießen und die Reste gut auspressen.

05 Geben Sie dann 10 g Bienenwachs hinzu und bringen Sie dieses zum Schmelzen.

06 Nun können Sie noch wundheilfördernde ätherische Öle hinzugeben.

07 Alles gut verrühren und in einen Salbentiegel abfüllen.

Alternativ Zwei Esslöffel Butterschmalz oder Schweineschmalz im Topf schmelzen. Zwei Esslöffel Ringelblumenblüten dazugeben und 15 Minuten ziehen lassen. Nicht zu heiß werden lassen. Dann durch eine Kompresse abseihen, in einen Tiegel geben und abkühlen lassen. Salbe im Kühlschrank aufbewahren. So eine Salbe hält ein halbes Jahr und kann immer aktuell frisch zubereitet werden.

SCHAFGARBE – S. 136

Auch sie ist eine wichtige Wundheilpflanze. Wunden können mit Schafgarbentee oder -öl ausgewaschen werden.

Schafgarbenöl Frische Schafgarbenblüten, 2 bis 3 Hände voll, in ein Glas geben und mit Öl übergießen. Verwenden kann man hier – je nach Wunsch und Möglichkeit – Olivenöl, Mandelöl, Sonnenblumenöl, Sanddornöl oder Johanniskrautöl. Wichtig ist, dass das Öl an einem dunklen Ort steht und immer wieder gerührt wird.
Lassen Sie das Öl zwei Wochen ziehen und seihen Sie dann die Blumen ab. Das Öl in dunkle Fläschchen abfüllen. Daraus können Sie Salben herstellen oder das Öl zur Wundpflege verwenden.

Blutstillende Wirkung Beste Erfahrungen habe ich in der Praxis mit der blutstillenden Wirkung der Schafgarbe gemacht. Bei Nasenbluten funktioniert der frische Presssaft der Schafgarbe wunderbar. Dazu frische Pflanzenblätter zerdrücken und zwischen den Fingern rollen, bis Saft austritt. Den Saft mit Kochsalzlösung verdünnen und diese Mischung in die Nase einträufeln. So stoppt das Nasenbluten sehr schnell.

KAMILLE – S. 129

Das Reinigen der Wunde mit einer verdünnten Tinktur ist wirkungsvoller als der alleinige Einsatz von Tee. Optimal ist der Tee mit einem Zusatz von Kamillentinktur, so erhält man alle wichtigen Inhaltsstoffe. Kamillentinktur kann man selbst herstellen oder in der Apotheke kaufen.

Kamillentinktur Drei Hände voll frischer Kamillenblüten in ein Glas geben, mit einem klaren Doppelkorn übergießen und drei Wochen stehen lassen. Zwischendurch immer wieder schütteln. Blüten absieben und die Tinktur in dunkle Fläschchen füllen. Mit dieser Tinktur können Sie Magen, Darm und Hautwunden behandeln.

Kamillentee Immer wieder liest oder hört man, dass die Kamille die Haut oder Schleimhaut austrocknen und besonders stark allergisierend wirken soll. Jeder Korbblütler kann zu Allergien führen, dies kommt allerdings extrem selten vor. Um sicherzugehen, filtriert man den äußerlich angewendeten Kamillentee immer durch einen Kaffeefilter, so entfernt man die eventuell reizenden Pollen.

BLUTWURZ – S. 126

Die Blutwurz-Tinktur ist das Erste-Hilfe-Mittel bei blutenden Wunden, Schnitt- und Schürfwunden.
Sammeln Sie Blutwurz-Wurzeln und achten Sie darauf, dass Sie noch genügend Wurzeln an Ort und Stelle belassen. Alternativ können Sie auch getrocknete Blutwurz-Wurzeln in der Apotheke kaufen.
Geben Sie die Wurzeln in ein weithalsiges, gut verschließbares Weißglas und gießen Sie Weingeist oder einen anderen hochprozentigen Alkohol darüber. Bei der Herstellung von Tinktur aus Wurzeln ist es wichtig, einen 70–95 %gen Alkohol zu verwenden. Verschließen Sie das Glas und lassen Sie es drei Wochen an einem warmen Platz stehen. Täglich gut schütteln. Setzen Sie das Glas nicht direkter Sonne aus. Nach drei Wochen abfiltrieren und die Tinktur in dunkle Flaschen geben.

Rote Farbe beim Anschneiden der Blutwurz-Wurzel.

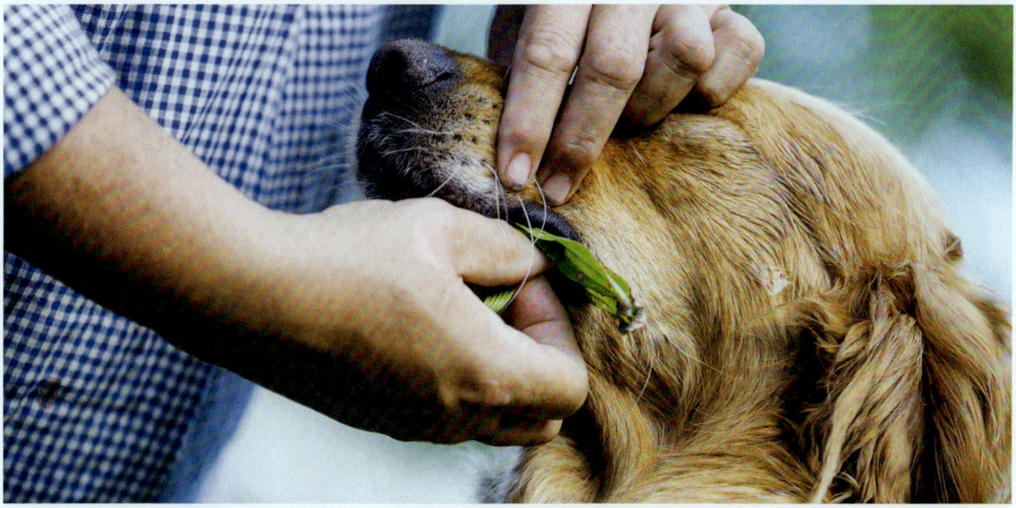

Gutes Heilmittel für unterwegs: Bei Bienen- und Insektenstichen hilft der Spitzwegerich.

SPITZWEGERICH – S. 48

Eines der besten Erste-Hilfe-Mittel für unterwegs. Er wächst fast überall und sein Saft hilft wunderbar bei Bienen- und Wespenstichen und kleineren Wunden. Blätter in der Hand zerreiben und auf die Wunde legen.

HIRTENTÄSCHEL – S. 131

Oberflächliche Blutungen können damit gestillt werden. Pflanze zerquetschen und auf die Wunde legen.

GÄNSEBLÜMCHEN – S. 44

Es eignet sich sehr gut als Wundpflaster. Frisch zerquetscht auf kleine Wunden aufgetragen, desinfiziert es und regt die Wundheilung an.

PROPOLIS – DAS KITTHARZ DER BIENE

Die Biene sammelt Harz, vor allem von Baumknospen, und verarbeitet dieses weiter zu Propolis, um damit kleine Löcher und Ritzen im Bienenstock auszubessern. Der Bienenstock ist innen warm und feucht und somit prädisponiert für Erreger jeglicher Art. Propolis ist nicht nur ein mechanischer, sondern auch ein chemischer Schutz vor Eindringlingen. Es wirkt gegen Bakterien, Viren und Pilze und ist ein sehr starkes Mittel zur Abwehr.

Dieses natürliche und sehr starke Antibiotikum eignet sich hervorragend zur Behandlung von Mensch und Tier. Das natürliche Antibiotikum, Antipilzmittel und Antivirenmittel gehört in jede Hunde-Hausapotheke. Mit verdünnter Propolis-Tinktur lassen sich frische und infizierte Wunden sehr gut spülen und desinfizieren. Ganz besonders gut ist die reine Propolis-Tinktur bei Krallenbettentzündungen und Abszessen. Immer dann, wenn eine Wunde stark infiziert ist oder sogar eitert, ist Propolis unschlagbar.

IM HANDEL ERHÄLTLICHE PRÄPARATE

Sie müssen nicht alles selbst herstellen, viele dieser Präparate können Sie auch in der Apotheke erwerben:

Hirtentäschel Styptysat Bürger®-Dragees, zur innerlichen Anwendung bei Blutungen

Kamille Kamillosan®-Tinktur, Kamillensalbe Robugen®

Ringelblume Calendumed®-Gel (Salbe oder Creme), Calendula-Essenz® von Wala

Schafgarbe Schamill® Schafgarbe-Extrakt (Fluidextrakt)

Dunkle Gläser eignen sich am besten für die Aufbewahrung von Tinkturen, da sie vor Licht besser schützen.

TINKTUR-ZUBEREITUNG

Sie können Tinkturen aus frischen und aus getrockneten Pflanzen herstellen. Die Pflanzen können Sie selbst sammeln oder über die Apotheke oder einen Kräutergärtner beziehen.

HOMÖOPATHISCHE HERSTELLER

Sehr viele Frischpflanzentinkturen erhalten Sie als Urtinkturen bei Homöopathischen Herstellern (DHU, Ceres). Sie gelten als Homöopathika, da sie die Ausgangssubstanz für die potenzierten Homöopathika sind. Eigentlich sind sie aber nichts anderes als Frischpflanzentinkturen.

TINKTUR AUS FRISCHPFLANZEN

1. Nehmen Sie ein Glas mit Deckel und geben Sie 50 – 100 g zerkleinerte Frischpflanzen hinein.
2. Dazu geben Sie etwa 500 ml Alkohol (40 – 45 %).
3. Verschließen Sie das Glas und stellen es für ca. 3 Wochen an einen warmen Platz.
4. Schütteln Sie das Glas täglich einmal kräftig durch.
5. Nach 3 Wochen filtern Sie die Pflanzenteile heraus und geben die Tinktur in dunkle Tropf- oder Pipettenfläschchen.

Dosieren Sie Tinkturen immer erst einmal niedrig (1 bis 3 Tropfen). Bei Bedarf kann auf 5 bis 10 Tropfen erhöht werden.

TINKTUR AUS GETROCKNETEN PFLANZEN

1. Zerkleinern Sie die getrockneten Pflanzen gut und übergießen Sie sie mit 40 – 55 % Alkohol. Es gilt, je härter die Pflanzen (Blüten-Blätter-Stängel-Rinde-Wurzeln-Harze), umso stärker sollte der Alkohol sein. Für den normalen Gebrauch und die Herstellung von Tinkturen aus Kräutern eignet sich aber auch ein einfacher, guter, klarer, biologischer Schnaps. Das Mischverhältnis kann 1:5 bis 1:10 sein.
2. Auch diesen Ansatz stellen Sie an einen warmen Ort und schütteln ihn täglich.
3. Nach ca. 2 – 3 Wochen ist er fertig. Dann abseihen und in dunkle Fläschchen füllen.

WUNDTINKTUR

1. Sammeln Sie eine Hand voll blühender Schafgarbe, am besten bei Sonnenschein im Sommer, eine Hand voll Spitzwegerichblätter und eine Hand voll Ringelblumenblüten.
2. Schneiden Sie die Kräuter klein und geben Sie sie in ein weites Glas.
3. Schütten Sie einen klaren Schnaps darauf und decken Sie das Glas ab.
4. Lassen Sie diese Mischung 3 Wochen an einem warmen Ort stehen und schütteln Sie einmal täglich alles gut durch.
5. Nach 3 Wochen abseihen und in dunkle Pipettenfläschchen füllen. Beschriften Sie die Fläschchen und lagern Sie sie kühl, dann halten die meisten Tinkturen ein bis zwei Jahre.

Nun haben Sie eine Wundtinktur für Ihren Hund, die Sie immer in einer Notfallapotheke haben sollten. Bei kleinen Wunden geben Sie 5 – 10 Tropfen der Tinktur in ein kleines Glas Wasser und waschen damit die Wunde.
Sie können auch mit anderen Pflanzen experimentieren und die wählen, die in Ihrem Garten wachsen.

Beispiele Blutwurz, Kamille, Gänseblümchen, Sonnenhutblüten, Hirtentäschelkraut, Johanniskraut

HOT SPOT

Besonders in den Sommermonaten kommen bei langhaarigen oder dichtfelligen Hunden häufiger sogenannte Hot Spots vor. Besonders der Golden Retriever neigt stark zu solchen Hautekzemen. Ein Hot Spot ist ein akutes, d. h. schnell auftretendes, feuchtes Hautekzem. Oft hervorgerufen durch eine kleine Wunde, feuchte Haut und Wärme. Explosionsartig breitet es sich unter dem dichten Fell aus und beginnt schnell zu nässen und zu eitern. Schulmedizinisch werden diese Hot Spots antibiotisch behandelt, und da sie dem Hund starken Juckreiz bescheren, wenden die meisten Tierärzte zusätzlich ein Kortison an. Dabei lassen sich diese akuten Ekzeme phytotherapeutisch ausgezeichnet behandeln. Sie können mit der Behandlung zuhause beginnen und Ihren Tierarzt die Heilung überwachen lassen.

Getrocknete Heilpflanzen können Sie das ganze Jahr über anwenden.

STARKER JUCKREIZ

Besorgen Sie sich aus der Apotheke von der Firma Heel:

- Acidum formicidum injeel®
- Histamin injeel®
- Urtica injeel®

Geben Sie Ihrem Hund davon jeweils einen Milliliter am Tag ins Maul oder Futter. Innerliche Begleitung: Geben Sie Ackerstiefmütterchentee in das Hundefutter.

PHYTOTHERAPEUTISCHE BEHANDLUNG

Zunächst scheren Sie die Haare um den Hot Spot großzügig aus. Haben Sie keine Schermaschine zur Hand, bitten Sie Ihren Tierarzt darum, das Ekzem auszuscheren.
Reinigen Sie das Ekzem mit klarem Wasser und reiben Sie vorsichtig Eiter, Verkrustungen und Schmutz aus der Wunde.
Sammeln Sie frische **Walnussblätter**. Da die meisten Hot Spots im Sommer auftreten, dürfte die Beschaffung frischer Walnussblätter kein Problem darstellen. Sie können aber auch Walnussblätter für Ihren Heilpflanzenvorrat trocknen, so haben Sie diese wunderbare Heilpflanze auch im Winter griffbereit.

Walnussblätter sollten Sie immer als Vorrat haben.

Bereiten Sie einen Sud (siehe Fotos) und waschen bzw. betupfen Sie den Hot Spot 2-mal täglich. Bereiten Sie den Sud täglich frisch. Sie werden erstaunt sein, wie schnell und gut der Hot Spot abheilt, ganz ohne Antibiose und Kortison.

WUNDHEILFÖRDERUNG

Nachdem eine Wunde sich am besten selbst, durch Blutung, gereinigt hat und mittels Heilpflanzenauszügen desinfiziert wurde, beginnt nun die Heilungsphase und Bildung der neuen Haut. Diese Phase lässt sich phytotherapeutisch ausgezeichnet unterstützen. Viele Pflanzen bewirken durch ihre Wirkstoffe eine hervorragende Förderung der Granulation (Hautneubildung). Wichtig ist, bei der Wundbehandlung auf die unterschiedlichen Heilungsstadien einzugehen.

ENTZÜNDUNGSPHASE

In der ersten Phase der Wunde, der sogenannten Entzündungsphase (Exsudationsphase), tritt aus der Wunde Flüssigkeit in Form von Wundsekret oder Blut aus. Dies dient dazu, die Wunde vor Verunreinigung zu schützen, sie auszuwaschen. Die Blutung beginnt zu stoppen und die Wunde ist gerötet und geschwollen.

PROLIFERATIONSPHASE

In der nächsten Phase, der Proliferationsphase (Reparaturphase), bildet sich das erste Granulationsgewebe und die Wunde wird schnell und provisorisch verschlossen. Bindegewebszellen (Fibroblasten) werden versorgt und angeregt. Die Epithelisierung (Hautzellneubildung) beginnt.

UMBAUPHASE

In der letzten Phase, der Umbauphase (Maturationsphase), reifen die Zellen aus und differenzieren sich. Somit wird der Wunde die nötige Dehnbarkeit und Reißfestigkeit verliehen. Es bildet sich eine Narbe. Auch Hunde können unter schlecht verheilten Narben leiden, weshalb mit pflanzlichen Salben für eine optimale Narbenentwicklung und -pflege gesorgt werden sollte.

☞ WALNUSSBLÄTTERSUD SELBST HERSTELLEN

01 Nehmen Sie 3 bis 4 Hand voll frische Walnussblätter.

02 Zerreißen oder schneiden Sie diese in kleine Stücke …

03 … und geben Sie die kleingeschnittenen Blätter in ein Gefäß.

04 Übergießen Sie die Blätter mit kochendem Wasser, lassen Sie den Sud ziehen, bis das Wasser lauwarm ist, und seihen Sie die Blätter ab.

☞ JOHANNISKRAUTÖL (ROTÖL) SELBST HERSTELLEN

01

02 – 03

04 – 05

01 Sammeln Sie im Sommer Johanniskrautblüten. Achten Sie darauf, das richtige Johanniskraut zu sammeln, denn es gibt viele verschiedene Unterarten. Sammeln Sie Blüten und Knospen.

02 Geben Sie die Pflanzenteile in ein Glas und übergießen Sie alles mit einem guten Öl. Olivenöl oder auch Sonnenblumenöl eignet sich sehr gut.

03 Stellen Sie das Glas verschlossen an einen warmen, aber dunklen, Ort. Stellen Sie es nicht in die pralle Sonne, denn dies würde zur Oxidation des Öles führen, worunter seine Qualität leidet.

04 Nach 6 – 7 Wochen hat sich das Öl tiefrot verfärbt. Seihen Sie nun die Pflanzenteile ab und geben Sie das Rotöl in dunkle Flaschen. Auf dem Foto wurde es in ein helles Fläschchen gefüllt, damit man die Farbe gut sehen kann.

05 Bewahren Sie das Rotöl im Kühlschrank auf.

PFLANZEN ZUR WUNDHEILFÖRDERUNG

JOHANNISKRAUTÖL

Das bekannte Rotöl oder Johanniskrautöl eignet sich zur Wundpflege und Heilung sehr gut. Es wirkt entzündungshemmend und antibakteriell. Heute weiß man, dass es sogar gegen stark resistente Keime eine ausgezeichnete Wirkung hat. Verwenden Sie Rotöl vor allem am Ende der Heilphase, um eine gesunde Narbe zu fördern.

Verwendung

- Schnitt- und Schürfwunden
- Prellungen, Verstauchungen
- Verbrennungen
- Wunden in Abheilung
- Narbenpflege
- Ballenpflege im Winter
- krustige, trockene Ekzeme
- Hautpilz

KAMILLENÖL

Vor allem das blaue, ätherische Öl der Kamille wirkt sehr stark entzündungshemmend und wundheilfördernd. Es lässt Wunden schnell abtrocknen und fördert die Regeneration der neuen Haut. Verwenden Sie Produkte, die das ätherische Öl enthalten.

PERUBALSAM

Perubalsam wird aus der Rinde eines Baumes aus Südamerika gewonnen, es wirkt stark antibakteriell und granulationsfördernd. Es kann allerdings auch leicht zu einer allergischen Reaktion kommen. Wenden Sie Produkte, die Perubalsam enthalten, zunächst vorsichtig an. Perubalsam eignet sich hervorragend zur Behandlung infizierter und schlecht heilender Wunden. Besprechen Sie eine Behandlung mit Perubalsam mit Ihrem Tierarzt und lassen Sie sich am besten eine Salbe aus der Apotheke verschreiben.

☞ WUNDHEILUNG WELCHE PFLANZEN WERDEN EINGESETZT?

STADIUM DER WUNDHEILUNG	PFLANZE
Reinigung der Wunde	Kamille Eiche Blutwurz Gänseblümchen Schafgarbe Salbei Ringelblume Zaubernuss
Förderung der Granulation	Ackerschachtelhalm Beinwell Johanniskraut Kamille Ringelblume Perubalsam
Unterstützung der Epithelisierung	Kamille Sonnenhut Sanddornfruchtfleischöl Beinwell
Keimhemmung	Johanniskraut Kamille Koriander Ringelblume Sonnenhut
Blutung stillen	Hirtentäschel Blutwurz Schafgarbe

Die Ringelblume ist eine wunderbare Wundheilpflanze.

RINGELBLUME – S. 136

Die Ringelblume ist eine Königin der Wundheilung, ihre Inhaltsstoffe wirken entzündungshemmend und stark wundheilfördernd.

WUNDHEILSALBE

1. Geben Sie in 100 ml Olivenöl: Beinwellwurzeln, Ringelblume, Gänseblümchen und Schafgarbe. Die Kräuter sollten bedeckt sein.
2. Lassen Sie das Öl über Nacht stehen.
3. Am nächsten Tag erwärmen Sie das Öl vorsichtig (nicht über 70 °C erhitzen). Es steigen kleine Bläschen auf, aber es kocht nicht. Dies lassen Sie nun 45 Minuten ziehen und rühren dabei immer um.
4. Seihen Sie die Kräuter ab. Gießen Sie dazu das Öl durch ein Baumwolltuch oder feines Sieb.
5. Geben Sie 10 Tropfen Propolis-Tinktur hinzu.
6. Danach geben Sie 10 g Bienenwachs dazu und rühren, bis es geschmolzen ist. Rühren Sie gründlich weiter.
7. Geben Sie die Mischung in ein Döschen oder in mehrere kleine Döschen. Lassen Sie den Deckel noch ab, bis die Salbe abgekühlt ist.
8. Beschriften Sie die Döschen und bewahren Sie diese im Kühlschrank auf.

SCHLECHT HEILENDE WUNDEN

Schlecht heilende oder feuchte, infizierte Wunden gehören immer in die Hand eines erfahrenen Therapeuten. Bitten Sie Ihren Tierarzt um eine phytotherapeutische Behandlung, die Schulmedizin hat kaum annähernd so gute Wirkstoffe im Bereich der Wundbehandlung zu bieten, wie es die Phytotherapie hat. Suchen Sie einen Therapeuten, der schlecht heilende Wunden von innen heraus und äußerlich mit Heilpflanzenzubereitungen behandelt:

— Sonnenhut
— Echte Kamille
— Ringelblume

Wann immer möglich, sollte von einer lokalen Antibiotikatherapie Abstand genommen werden. Sie führt zur Resistenzbildung und stört die körpereigene Abwehr und somit die Wundheilung. Allerdings sollten chronische Wunden mittels eines Abstrichs untersucht werden.
Leider sind multiresistente Bakterien (MRSA) auch in der Tiermedizin keine Seltenheit mehr. Eine Wundbehandlung sollte immer die körpereigenen Wundheilungsprozesse optimieren, eine sinnvolle Unterstützung der Wundheilung setzt voraus, dass immer der ganze Patient in die Behandlung einbezogen wird.

Honig beschleunigt die Zellerneuerung.

Die Birkenrinde enthält den wertvollen Wirkstoff Betulin.

HONIG

Honig ist ein uraltes Heil- und Wundheilmittel. Er reinigt, lässt abschwellen, wirkt ausgleichend auf das Immunsystem, fördert die Granulation, beschleunigt die Zellerneuerung und wirkt stark antibakteriell. Der in neuerer Zeit bekannt gewordene Medizin-Honig ist ein Spezialhonig aus Australien. Er stammt von einem bestimmten Baum und enthält dessen Wirkstoffe. Dieser sogenannte Manuka-Honig ist sehr teuer und enthält das antibakteriell wirksame Methylglyoxal, das in der Honigwabe durch Dehydration eines im Nektar der Blüten des Manukabaumes enthaltenen Stoffes entsteht.

Im Nektar selbst ist noch kein Methylglyoxal vorhanden. Offenbar entwickelt sich dieser Stoff erst nach der Aufnahme des Nektars durch die Bienen und den Transport in den Bienenstock. Auch wenn unser einheimischer Honig diesen Stoff nicht enthält, ist Honig doch ein wunderbares Wundheilmittel. Stellen Sie immer einen Honigtopf zur Wundversorgung Ihres Vierbeiners bereit. Kleinere und nässende Wunden können Sie ausgezeichnet mit normalem Honig behandeln. Er entzieht der Wunde die Keime und desinfiziert, zusätzlich regt er die Heilung an.

Präparate aus der Apotheke Eigentlich sind sie für die Behandlung des Menschen gedacht, eignen sich aber sehr gut zur Behandlung von Hunden. Auch der tiermedizinische Markt bietet einige Pflegeprodukte auf der Basis von Honig. Sehr gute Erfahrungen habe ich mit dem Präparat Mielosan® der Firma CP Pharma und mit der Salbe Manuka Lind® der Firma Inuvet (enthält zusätzlich Beinwell und ätherische Öle) gemacht.

BETULIN AUS BIRKENRINDE

Ein relativ neu erforschter Wirkstoff aus der Birkenrinde ist das Betulin. Die Forschungsergebnisse waren so erstaunlich und bahnbrechend, dass Betulin heute als Medizin zugelassen ist. Betulin kann aufgrund seiner Verarbeitung und seiner Zusammensetzung ganz rein in Salben und Cremes verwendet werden und braucht keinerlei synthetische Nebenstoffe. Somit ist Betulin auch für Allergiker und sehr empfindliche Hunde geeignet. Imlan® ist ein Präparat, das Sie in der Apotheke kaufen können. Die Wundheilung wird sehr effektiv und rasant eingeleitet und auch schlecht heilende Wunden schließen sich mit Betulin sehr schnell.

KOHL

Ein altes aber sehr effektives Hausmittel ist der Weißkohl. Er wirkt antibakteriell, entzündungshemmend und abschwellend. Er wird als Wickel angewendet (siehe Kohlwickel auf der nächsten Seite).

☞ KOHLWICKEL SELBST HERSTELLEN

Schlecht heilende Wunden, infizierte Wunden und Geschwüre heilen sehr viel schneller und besser ab, wenn sie mit Kohl behandelt werden.
Man nutzt hierzu die inneren Blätter eines Weißkohls, sie dürfen noch ein bisschen grün sein. Der Kohl sollte nicht direkt aus dem Kühlschrank kommen, sondern zimmerwarm sein.

01 Entfernen Sie die harten Blattrippen.

03 Das ganze Blatt kann auch zu Brei geklopft werden.

04 Legen Sie das Blatt oder den Brei auf die Wunde und fixieren Sie es mit einem Verband.

02 Walzen/zerquetschen Sie das Blatt mit einem Nudelholz, sodass sich die Zellen öffnen und das Blatt feucht wird.

05 Wechseln Sie den Verband alle 12 Stunden (also morgens und abends).

Sie werden erstaunt sein, wie schnell und gut eine mit Kohl behandelte Wunde heilt. Sollte zu Beginn der Behandlung eine bräunliche Flüssigkeit austreten, so ist das normal. Es deutet auf einen Austritt von Zellzerfallsprodukten hin. Besprechen Sie die Kohlbehandlung mit Ihrem Tierarzt und animieren Sie ihn zu dieser Therapie.

ALLERGIEN

Allergien und Autoimmunerkrankungen sind heute in der Tierarztpraxis täglich Thema. Hautallergien und Darmentzündungen nehmen rasant zu. Über die Ursachen wird viel diskutiert und einige sind ganz offensichtlich.

Analog zur Humanmedizin wissen wir heute, dass eine übersteigerte Hygiene, vor allem im Welpenalter, zu Allergien führen kann. Sehr frühe und zu viele Entwurmungen können ebenfalls zu Allergien führen. Es ist enorm wichtig, den jungen, sich noch entwickelnden Hundedarm und damit das in ihm liegende Immunsystem „seinen Job" machen zu lassen. Kontakt zu Erregern und Fremdstoffen ist lebenswichtig, um eine Immunität aufzubauen. Heute bekommen junge Hunde schon massenhaft Antiparasitika verabreicht und somit kann das Immunsystem des Darms niemals seine Aufgabe erledigen, Immunität aufbauen und Erinnerungen abspeichern. So werden Hunde abhängig gemacht von Medikamenten, die dann nötig sind, weil der körpereigene Mechanismus nicht mehr funktioniert. Es ist bekannt, dass in Ländern, in denen die Menschen noch häufig Kontakt zu Parasiten haben, keine Allergien oder Autoimmunerkrankungen auftreten.

ÜBERTRIEBENE HYGIENE

Hinzu kommt ein extremer Hygienewahn. Täglich sehe ich Welpenhalter, die mit Schrecken darüber berichten, dass der Hund Kot und Dreck fresse. **Kotfressen**, Koprophagie, ist ein völlig natürliches Verhalten und ist eine Art natürliche Impfung. Kleine Kinder und Hunde müssen sich „Dreck" in den Mund stecken, um ihr Immunsystem zu schulen.

Dazu kommen frühe und viel zu viele Impfungen. Leider ist es mir als Tierärztin heute kaum noch möglich, Einzelimpfstoffe zu beziehen, um, wenn überhaupt, dann sinnvoll, langsam und verträglich zu impfen.

Schlecht auf die Immunität des Hundes wirken sich die heutigen Hundefutter, **Fertigfutter**, aus. Hochindustriell verarbeitetes Futter mit allerhand Zusätzen und viel zu vielen Inhaltsstoffen. Auch scheint sich niemand Gedanken darüber zu machen, was es bedeutet, das Fleisch gequälter und leidender Tiere aus Massentierhaltung zu essen. Wie soll Gesundheit auf dieser Basis entstehen – sowohl für den Mensch als auch für den Hund? Zusammen mit einer Umweltbelastung, engen Kontakt zu Pestiziden, sei es über den Spaziergang auf freiem Feld oder durch den Tierarzt in Form von Antiparasitika (Zecken und Flohmittel), ist es kein Wunder, dass das Immunsystem unserer Hunde verrücktspielt. Oft kommen die Hunde dann in die Praxis, wenn alles viel zu spät ist. Hund und Besitzer sind durch massiven Juckreiz leidgeplagt und wünschen einerseits schnelle Abhilfe, andererseits aber auch keine schädliche „Hauruck-Methode", die dann wiederum andere Probleme auf den Plan ruft.

Wie bei uns Menschen sind auch bei Hunden Allergien keine Seltenheit mehr.

PROFIT DER INDUSTRIE

Leider hat das die Pharmaindustrie schnell erkannt und allerhand gefährliche Medikamente für Juckreizpatienten auf den Markt gebracht, die schnelle Abhilfe schaffen. Der Hundebesitzer sowie der Tierarzt werden hier hinters Licht geführt und Medikamente unter dem Vorwand „besser als Kortison“ vertrieben, die allerdings weitaus schädlicher sind. Denn deren Wirkung beruht auf einer Ausschaltung des Immunsystems. Sie müssen kein Arzt sein, um zu wissen, dass Ihr Schützling ein Immunsystem braucht! Auch wenn das Ausschalten und manchmal sogar unwiederbringliche Vernichten des Immunsystems dazu führt, dass Ihr Hund keinen Juckreiz mehr hat, ist das Problem damit noch lange nicht behoben. Nur vordergründig scheint es zu helfen. Die Folgen sind drastisch und sollten bei der Überlegung und Entscheidung, ein solches Medikament zu verwenden, bedacht werden.

GANZHEITLICHE BETRACHTUNG

Haben Sie einen Hund zu Hause, der allergisch z. B. mit starkem Hautjucken reagiert, dann suchen Sie sich einen ganzheitlich arbeitenden Therapeuten, dessen Intention es nicht allein ist, den Juckreiz auszuschalten, sondern der Ursache

auf den Grund zu gehen. Haben Sie einen Allergiker und Ihr Tierarzt möchte dennoch weiter impfen und alle 3 Monate entwurmen, dann suchen Sie sich dringend einen neuen Arzt, mit einer anderen Einstellung.
Ist das Immunsystem des Hundes einmal geschädigt, ist es sehr schwierig, dieses wieder in seine normale Bahn zu bringen. Manchmal ist das auch nicht mehr möglich, je nach Alter des Hundes und den Vorbehandlungen. Eine fortwährende Behandlung mit immununterdrückenden Medikamenten kann einen solchen Schaden anrichten, dass das Immunsystem des Hundes nie wieder normal arbeiten wird.
Haben Sie sich dazu entschlossen, Ihrem Allergiker zu helfen und gleichzeitig seine Gesundung anzustreben, dann wird Ihnen das nur mit einem ganzheitlich arbeitenden Therapeuten gelingen. Allerdings ist das oft ein langer und beschwerlicher Weg. Doch je früher Sie damit beginnen, umso größer sind die Erfolgsaussichten.

THERAPEUTISCHER ANSATZ

Die Behandlung eines Allergikers fußt auf einem komplexen System. Dabei sind 5 Pfeiler tragend und wichtig in ihrer Umsetzung.

1. URSACHENBEHANDLUNG

Eine Allergie ist erst einmal ein Zeichen dafür, dass das **Immunsystem** seinen Job nicht mehr richtig ausführt. Es ist phytotherapeutisch möglich, hier anzusetzen. Wir wissen heute genau, welche Immunzellen aus dem Gleichgewicht geraten sind und welche Wirkstoffe dieses Gleichgewicht wieder herstellen können. Hierzu gehören unter anderem Pflanzenstoffe aus dem Färberwaid, der Katzenkralle und dem Langen Schwarzen Pfeffer. Dies sind allerdings so komplexe Behandlungsansätze, dass es nichts nutzt, diese Pflanzen im Internet zu beziehen und anzuwenden. Sie brauchen hier dringend einen sehr gut ausgebildeten Phytotherapeuten, der Ihnen dabei hilft.

Eine weitere sehr gute Maßnahme ist die sogenannte **Desensibilisierung**, die heute in Verruf geraten ist, weil sie bisher oft allein angewendet wurde, ohne alle weiteren therapeutischen Schritte. Doch dann macht sie auch keinen Sinn. Sie kann aber dem Immunsystem helfen, wieder ins Gleichgewicht zu kommen, und gehört deshalb unbedingt zu einer vernünftig aufgebauten Allergiker-Therapie dazu.

2. MANAGEMENT

Wenn Sie eine Haselnussallergie haben, werden Sie sicher keinen Haselnusskuchen essen. Dies scheint für die meisten Hundebesitzer das größte Problem darzustellen, und dies ist auch der frustrierende Part des Tierarztes. Wenn Ihr Hund allergisch auf Futtermilben reagiert, müssen Sie diese vermeiden! Immer und deutlich! Es scheint so einfach, stellt aber eine große Herausforderung dar, vor der sich die meisten Betroffenen scheuen. Nur nutzen alle auf Heilung abzielenden Therapieformen nichts, wenn der Hund weiterhin seinen Allergenen ausgesetzt ist. Somit gehört die **Ernährung** natürlich an die erste Stelle der Allergikerbehandlung. Gute, frische, biologische und ausgewogene Nahrung ist das wichtigste Therapeutikum! Hier müssen Sie sich von einem guten Ernährungsberater helfen lassen.

3. SYMPTOMBEHANDLUNG

Ein sich kratzender Hund ist belastend für alle Beteiligten. Deshalb muss der Juckreiz behandelt werden und das geht in manchen weit fortgeschrittenen Fällen nicht mehr rein pflanzlich. Hier bietet Ihr Therapeut Ihnen Möglichkeiten an, aber bitte lassen Sie sich hier nicht in die Irre führen und fragen Sie genau nach der Wirkungsweise des Medikamentes.
Pflanzlich juckreizlindernd wirken innerlich und äußerlich: Ackerstiefmütterchen, Ackerschachtelhalm, Walnuss, Ballonrebe, Bittersüßer Nachtschatten und Katzenkralle. Juckreizlindernde Bäder und Waschungen mit solchen Pflanzen können Abhilfe schaffen und den Juckreiz erträglicher machen.

4. BEGLEITENDE HAUTBEHANDLUNG

Dies ist ein enorm wichtiger Bestandteil der Therapie. Hierbei geht es um einen Aufbau einer gesunden und stabilen Hautflora und deren Fettsäuremuster. Essentielle, hochdosierte **Omega-3- und -6-Fettsäuren** sind extrem wichtig. Ohne diese brauchen Sie eine Allergikertherapie gar nicht erst zu beginnen. Diese werden innerlich und äußerlich in Form von Spot-On-Präparaten angewendet. Die Fette lagern sich in die Hautschicht ein und regulieren so den Flüssigkeitshaushalt und bauen einen Schutzschild auf, der das Eindringen der Allergene verhindert und den Juckreiz lindert. Hinzu kommt eine Behandlung mit Zink, denn dieses Spurenelement ist nicht nur enorm wichtig für ein intaktes Immunsystem. Wir wissen auch, dass einige Allergietypen durch einen Zinkmangel entstehen. Symptomlinderung verschaffen Bäder und Waschungen mit pflanzlichen Wirkstoffen wie Walnuss, Hafer und Honig. Ätherische Öle werden eingesetzt bei Hautentzündungen und bakteriellen Fehlbesiedlungen. Vermeiden Sie, wann immer möglich, eine innere Gabe von Antibiotika.

5. VERMEIDEN VON IMMUNSCHÄDEN

Dringend sollten unnötige Impfungen und Entwurmungen vermieden werden. Ebenso der Einsatz von schädlichen Pestiziden in Form von Antiparasitika. Um das Immunsystem Ihres Hundes wieder ins Gleichgewicht zu bringen, brauchen Sie viel Feingefühl und Verständnis über die Auswirkungen medizinischer Behandlungen. Dies ist der Behandlungsplan in groben Zügen aus meiner phytotherapeutisch orientierten Praxis. Zu erwähnen sind natürlich noch alle anderen begleitenden, regulativmedizinischen Behandlungsmethoden. Es gibt eine Vielzahl an therapeutischen Ansätzen, die Erfolg versprechen. Unter anderem die Bioresonanz, Homöopathie, Organotherapie, Mykotherapie und Homotoxikologie haben je nach Patient und Therapeut gute Erfolge gebracht. Wichtig beim Umgang mit Allergikern ist der ganzheitliche Ansatz und das Verständnis darüber, dass hier ein erkranktes Organsystem zu behandeln ist – das Immunsystem.

Auch Hunde können Allergien gegen Pollen entwickeln.

PFLANZLICHE DESENSIBILISIERUNG

Ist Ihr Hund gegen Blütenpollen und Gräser allergisch, erkennen Sie das an dem saisonalen Auftreten der Symptome. Juckreiz, Niesen und Bindehautentzündungen sind Symptome einer Pollenallergie. Es gibt eine sehr gute und traditionelle, naturheilkundliche Möglichkeit, pflanzlich eine Desensibilisierung durchzuführen. Kaufen Sie sich bei einem Imker in Ihrer Nähe ein Glas Blütenpollen und beginnen Sie im November, wenn nichts mehr blüht, mit der pflanzlichen Desensibilisierung. Geben Sie Ihrem Hund nun den ganzen Winter hindurch täglich eine winzige Menge Blütenpollen ins Futter. Bis zum Ende des Winters können Sie die Dosis steigern. Wenn dann im Frühling die Pollen wieder fliegen, ist das Immunsystem Ihres Hundes an diese gewöhnt und kann wahrscheinlich besser mit diesen umgehen.

WENN DER DARM PROBLEME MACHT

Denken Sie bei ungesunder Haut Ihres Hundes auch immer einmal an seine Verdauung. Hat er regelmäßigen Kotabsatz? Setzt er normalfarbige, feste Kotwürstchen ab? Oder neigt Ihr Hund zu wechselnder Kotbeschaffenheit? Dann hilft ihm sicher einmal eine Darmsanierung (siehe S. 110 ff.).

Geraten Sie nicht gleich in Panik, sondern wägen Sie ab, ob eine Ektoparasitenprophylaxe immer notwendig ist.

EKTOPARASITEN

Heute haben wir es gern sauber, am liebsten sogar steril. Unsere Waschmittel müssen nicht nur reinigen, sie sollen auch desinfizieren, das vermittelt uns die Werbung.

Wir kämpfen täglich gegen die gefährlichen Bakterien und Erreger. Und Parasiten jeglicher Form müssen umgehend eliminiert werden. Leider übertragen wir diese ungesunde Einstellung auch auf unsere Tiere. Wir vergessen, dass in der Natur Lebensgemeinschaften zu einem gesunden Gleichgewicht führen und dass Bakterien an sich nichts „Böses" sind. Unser Körper und der unserer Tiere existiert allein durch die Vielzahl an Mitbewohnern, den sogenannten Kommensalen. Bakterien und andere Kleinstlebewesen ermöglichen uns überhaupt erst, zu leben.

Die Werbung macht es vor, Hunde und Katzen sollen frei sein von Würmern und Flöhen. Zecken übertragen bösartige Krankheiten. Aus diesem Grund verkaufen Tierärzte massenhaft **Antiparasitika**, das ist ein guter Markt. Immer wieder werde ich in der Praxis auf Parasitenprophylaxe angesprochen und meine Antwort lautet: Abwarten! **Keine vorbeugende Parasitenkontrolle!**
Hatte Ihr Hund schon einmal Flöhe?
Wie viele Zecken hat er im Sommer?
Neigt das Tier überhaupt zu Flöhen und Zecken?
Neigt mein Patient zu starkem Parasitenbefall, ist

meine einzige Waffe nicht die Chemie, sondern ich stelle mir die Frage, weshalb das so ist. Was führt dazu, dass ein Körper sich besonders gut als Wirt eignet? Wieso kommt es dazu, dass Parasiten den Körper, der ja eigentlich ihre Lebensgrundlage ist, schädigen?
Um es klarzustellen: Hunde, die ständig und extrem von Zecken und Flöhen befallen sind, sind häufig nicht wirklich gesund. Vielleicht schafft eine innere Reinigungskur oder eine Nahrungsumstellung Abhilfe? Vielleicht sollte die Situation des Immunsystems überdacht werden?
Fragen Sie doch bei Ihrem nächsten Tierarztbesuch nicht nach Zeckenmittel, sondern lassen Sie Ihren Hund gründlich untersuchen und überdenken Sie die Lebensumstände Ihres Hundes.

BELASTETE GEGENDEN UND LÄNDER

Selbstverständlich gibt es auch Parasitenbefall, der ortsabhängig ist. In einigen Gegenden Deutschlands kommen Zecken sehr häufig vor. Ein Hund, der mit einem Igel spielt oder in dessen Nähe verflohte Katzen leben, bekommt auch mal Flöhe. Natürlich müssen Sie gegen Ektoparasiten, die Ihrem Hund schaden, etwas unternehmen. Aber eben erst dann!
Viele Hunde haben nie Flöhe und nur wenige Zecken pro Sommer. Wozu sollte man ihnen also alle 4 Wochen ein synthetisches Präparat auftragen, das, auch wenn es die Werbung anders angibt, selbstverständlich über die Leber verstoffwechselt wird und den Organismus belastet?!

PESTIZIDE BELASTEN DIE UMWELT

Mit dem Kot und dem Urin ausgeschieden, überdauern sie im Boden, gelangen in unser Grundwasser und kommen so zu uns zurück. Das große Insektensterben und das dramatische Bienensterben haben ganz sicher auch mit den Pestiziden zu tun, die wir in der Tiermedizin verwenden. Viele dieser Wirkstoffe schädigen auch das Nervensystem von Wirbel- und Säugetieren. Permethrin, ein bekannter und immer verwendeter Wirkstoff zur Zeckenabwehr, ist ein Auslöser für Parkinson bei Menschen. Der große Fipronyl-Skandal um die verseuchten Eier hat es wieder einmal gezeigt, wie kritiklos Tierärzte und Tierbesitzer im Umgang mit solchen Mitteln sind. Fipronyl ist ein absolut gängiger Wirkstoff in der Tiermedizin und findet Anwendung als Spot On und Spray gegen Zecken und Flöhe. Dabei wird auf den Hund eine 300fach höhere Dosis aufgetragen als in den Eiern gefunden wurde. Es wird Zeit um- und mitzudenken. Deshalb sollten Sie nur bei tatsächlicher Indikation solche Wirkstoffe anwenden.

PFLANZLICHE ALTERNATIVEN

Leben Sie in einer zeckenreichen Gegend oder neigt Ihr Hund zu Flöhen, dann bitten Sie Ihren Tierarzt um eine pflanzliche Alternative. Glücklicherweise gibt es mittlerweile pflanzliche Antiparasitika, die genauso gut wirken und ebenso anzuwenden sind, wie ihr chemisches Pendant. Es gibt so viele phytotherapeutische Möglichkeiten – probieren Sie diese Mittel zuerst, bevor Sie zu einem synthetischen Präparat greifen.

SCHUTZ VOR MITTELMEER-KRANKHEITEN

Möchten Sie Ihren Hund mit nach Südfrankreich, Italien, Spanien oder sonst irgendwohin mit ans Mittelmeer nehmen, sollten Sie eine gut wirksame Prophylaxe betreiben, damit Ihr Hund nicht an einer der gefährlichen Reisekrankheiten erkrankt. Es muss alles immer im Gleichgewicht bleiben und der Einzelsituation angepasst werden. Mittlerweile gibt es auch hier pflanzliche Präparate, die Sandmücken in südlichen Reisegebieten vom Hund fernhalten. Diese sind häufig in der Anwendung etwas komplizierter als die einmalige Applikation eines Spot-On-Präparats. Jedoch mit etwas Geduld und Verständnis kann man auch diese Mittel zum Schutz vor Reisekrankheiten auftragen. Fly Block® von NutraPet gehört zu den sehr guten Präparaten.
Auch eine innerlich gegebene Prophylaxe gegen Blutparasiten ist möglich. In der phytotherapeutischen Praxis wird der seit Jahrtausenden zur Malaria-Prophylaxe verwendete *Artemisia annua* verabreicht. Fragen Sie Ihren Phytotherapeuten nach einer solchen Blutparasiten-Prophylaxe.

HEILPFLANZEN GEGEN EKTOPARASITEN

ANTIPARASITEN-KISSEN

Nähen Sie sich eine Kissenhülle aus Leinen oder nehmen Sie einen gekauften Baumwollkissenbezug und füllen ihn mit getrockneten Kräutern wie z. B. Adlerfarn, Rainfarn, Schafgarbe, Crysanthemenblüten, Duftgeranienblättern, Thymian, Rosmarin, Lavendel, Nelkenwurz. Dieses Kissen legen Sie Ihrem Hund in den Korb. Parasiten mögen diese Düfte nicht und fühlen sich in einer solchen Umgebung unwohl.

KNOBLAUCH

Über den Parasitenschreck Knoblauch hört und liest man viele Geschichten. Fakt ist, dass er in zu hoher Dosierung dem Hund schadet.
Die Schwefelverbindungen im Knoblauch und in der Zwiebel können beim Hund die Erythrozyten (roten Blutkörperchen) zerstören und führen zur Blutarmut. Fakt ist aber auch, dass über Jahrhunderte Hunde Knoblauch gegen Parasiten und für einen gesunden Darm erhielten. Die bekannte Kräutertherapeutin Juillette de Bairacly Levy verfütterte über Jahrzehnte Knoblauch an Hunde. Es ist hier, wie bei so vielen anderen Dingen auch:

Pflanzen enthalten Wirkstoffe und diese wirken. Es ist allein die Dosierung, die ausmacht, ob und vor allem wie ein Phytotherapeutikum wirkt.

Angaben zur Dosierung des Knoblauchs der Universität Zürich Toxische Dosis für Hunde: 5 g Knoblauch pro kg Körpergewicht Hund während 7 Tagen. Das bedeutet, ein Hund mit 20 kg müsste 100 g Knoblauch täglich über eine Woche zu sich nehmen. Haben Sie schon einmal eine geschälte Zehe Knoblauch gewogen?
Als maximale Tagesdosis wird angegeben: 4 g Knoblauch pro Tier und Tag. Dies ist verwunderlich, da ein Chihuahua sicher 4 g Knoblauch anders verträgt als ein 60 kg Bernhardiner.
Viele Hundebesitzer geben 2- bis 3-mal in der Woche eine Zehe Knoblauch ins Hundefutter. Lassen Sie sich hier durch einen erfahrenen Phytotherapeuten beraten und gehen Sie ganz individuell mit der Knoblauchdosierung um. Die Frage ist nur, ob der frische Knoblauch in dieser Dosierung gegen Zecken und Flöhe überhaupt hilft? Auch hier sind es Erfahrungswerte, die zählen. Dem einen Hund scheint es zu helfen, dem anderen nicht. Die Frage ist, warum es hilft? Vielleicht sind es seine ätherischen Öle, die von den Parasiten nicht gern aufgenommen werden.

Antiparasiten-Kissen unter dem Schlafplatz des Hundes, halten die Plagegeister fern.

Die Wahrscheinlichkeit jedoch, dass in der geringen Dosis das ätherische Knoblauchöl über die Haut abgegeben wird, ist doch sehr zweifelhaft. Vielleicht ist es aber auch seine reinigende und desinfizierende Wirkung auf den Darm? **Ein gesunder Darm bedeutet ein gesundes Immunsystem und ein gesunder Organismus und dieser wird unbequemer für potentielle Mitbewohner.**

NEEM

Die Samen des Neembaumes enthalten einen Stoff (Azadirachtin), der heute erfolgreich in der Parasitenbekämpfung und Prophylaxe eingesetzt wird. Mittlerweile sind erfreulicherweise auch auf dem tiermedizinischen Markt einige Antiparasitika auf Neembasis erhältlich. Sie sind sehr gut und ihre Wirksamkeit ist erstaunlich. Besondere Erfolge erzielen die Produkte der Schweizer Firma Bogar, sie bieten einen Spot-On für Hunde und Katzen an, der genauso angewendet wird, wie wir es von den synthetischen Zeckenmitteln her kennen, und er wirkt ebenfalls 4 Wochen vorbeugend gegen Zecken und Flöhe. Ein weiteres sehr gutes Produkt ist das ebenfalls aus der Schweiz stammende Amigard®, das in den letzten Jahren sehr gute Wirksamkeit zeigte. Die Erfolge in meiner Praxis mit diesem Präparat lassen sich sehen. **Produkte: Bogacare Margosa®, Amigard®**

Eine Firma aus Deutschland stellt ein Shampoo auf Neembasis für Schafe und andere Tiere her. Dieses können Sie auch an Ihrem Hund anwenden. In verdünnter Form lässt es sich auf das Fell des Hundes aufsprühen. **Produkt: Trifolio Neem Pro Sheep®**

Seit kurzer Zeit gibt es von der Firma PlantaVet ein Präparat mit dem Namen **PlantaZid®**

Auch dieses Präparat enthält die Wirkstoffe des Neembaumes.

Bei Neem ist es besonders wichtig, eines der Produkte zu wählen, das die entsprechenden Wirkstoffe (Azadirachtin, Margosa-Extrakt) auch tatsächlich enthält. Der Markt ist voll mit Neem-Präparaten, die absolut nicht wirken. Bitte halten Sie hier Ausschau nach guten Präparaten.

Zudem sollten Sie wissen, dass der Neemextrakt nur als Kontaktgift wirkt. Das bedeutet, der Parasit muss mit dem Neem in Kontakt kommen, ihn aufnehmen. Das erklärt die häufigere Applikation.

ÄTHERISCHE ÖLE

Oft schildern mir Patientenbesitzer, dass sie ihren Hund mit Teebaumöl oder anderen ätherischen Ölen einreiben. Bitte seien Sie hier sehr vorsichtig und lassen Sie sich ausreichend beraten. Nicht jeder Hund verträgt Teebaumöl und für Katzen kann es tödlich sein. Es gibt allerdings eine ganze Menge pflanzlicher Antiparasitika auf dem Markt, die Teebaumöl enthalten. Ätherische Öle können als sogenannte Repellentien wirken, was bedeutet, sie halten den Parasiten fern, wirken also abstoßend auf die Zecke oder den Floh. Besonders starke **Repellentien** sind Nelkenöl, Zedernöl, Citronellaöl, Teebaumöl und Lavendelöl. Allerdings muss das Öl am gesamten Körper aufgetragen werden, um den Parasiten an jeder Stelle abzuwehren und die Öle wirken nur zwischen einer und drei Stunden. Ätherische Öle und Neem lassen sich gut kombinieren und am besten findet man die Duftmischung, die auf den eigenen Hund passt und wirkt. Das kann stark variieren. Die Firma Antiforte hat ein Öl entwickelt, das vor dem Spaziergang aufgetragen, sehr gut wirkt.

ZECKENPROPHYLAXE

Erwärmen Sie 100 ml Kokosöl im Wasserbad. Während des Abkühlens geben Sie folgende Öle hinzu und mischen alles:

— 5 Tropfen Nelkenöl
— 5 Tropfen Teebaumöl
— 10 Tropfen Lavendelöl
— 10 Tropfen Citronellöl

Mit dieser Mischung reiben Sie vor jedem Spaziergang die Beine, den Bauch und den Hals Ihres Hundes ein.

Sie lauern im hohen Gras und die Angst vor ihnen ist wegen der Übertragung von Krankheiten groß.

ZECKENBISSE

Hat Ihr Hund eine Zecke, dann drehen Sie sie vorsichtig heraus. Nutzen Sie dazu eine Zeckenzange, mit der Sie am besten zurechtkommen. Sollte einmal ein Kopf stecken bleiben, so ist das nicht allzu schlimm. Desinfizieren Sie die Bissstelle mit einer Ringelblumen- oder Kamillentinktur und versuchen Sie, den Kopf vorsichtig mit einer Spritzenkanüle aus der Haut zu hebeln. Zur Desinfektion von Bissen eignet sich hervorragend **Propolistinktur**. Sie eignet sich für jede Art von Verletzungen und Wunden, desinfiziert, tötet alle Arten von Keimen und hilft der Haut bei der Heilung.

Prophylaktisch oder dann, wenn sich die Haut entzündet, geben Sie Ihrem Hund für ein paar Tage **Kardentinktur**. Betupfen Sie außerdem den entzündeten Bereich rund um den Zeckenbiss.

Kardentinktur-Dosis 2-mal täglich 5 bis 10 Tropfen.

FSME UND BORRELIOSE

Die Angst vor Zecken ist heute sehr groß. FSME (Frühsommer-Meningoenzephalitis) und Borreliose sind besonders in den Frühjahrs- und Sommermonaten ein willkommener Aufhänger für die Medien. Mensch und Hund sollten sich impfen lassen, so suggeriert es die Fachwelt.

Viele verunsicherte Hundebesitzer kommen jährlich in meine Praxis und möchten ihren Hund gegen Borreliose impfen lassen. Ersparen Sie Ihrem Hund diese unnötige und gefährliche Impfung und lassen Sie sich eingehend beraten. Informieren Sie sich genau und wägen Sie Nutzen und Schaden ab.

Es gibt viele verschiedene Borrelienunterarten und der Impfstoff wirkt hauptsächlich gegen zwei davon, die in unseren Breiten gar nicht vorkommen. Außerdem ändert die Borrelie im Laufe ihres Lebenszyklus ihre Oberflächenstruktur, die Impfung wirkt gegen die Form der Borrelie, die im Hund nicht vorkommt. Es gibt viele Argu-

Es gibt einige pflanzliche Präparate, die gut gegen Zecken schützen.

mente gegen diese Impfung, und diese alle hier aufzuführen, würde zu weit führen. Seien Sie kritisch und hinterfragen Sie genau, informieren Sie sich vorher und lassen Sie sich von Ihrem Tierarzt beraten. Ein guter Tierarzt berät Sie gern und impft immer individuell.

DIAGNOSTIK

Aber was passiert mit einem Hund, der mit Borrelien infiziert ist?
Die Borreliose ist heute in der Humanmedizin, aber vor allem auch in der Tiermedizin, zu einer „Modekrankheit“ geworden. Der lahmende Hund, ohne eindeutige Diagnose, wird sehr schnell zum Borreliose-Patienten. Ein Bluttest genügt und eine „Diagnose“ steht. Das beruhigt den Hundebesitzer und entlastet den Tierarzt. Dabei ist die Diagnose der Borreliose höchst kompliziert und bei weitem nicht mit einem Bluttest erledigt. Häufig werden sogenannte Antikörper ermittelt. Diese geben allerdings nur darüber Auskunft, ob der Hund Kontakt zu Borrelien hatte und ob sein Körper Immunzellen gegen diese produziert hat. Dies ist bei fast jedem Hund der Fall. Nicht jeder Hund, der Kontakt zu Borrelien hatte, erkrankt allerdings daran. Seien Sie also achtsam und kritisch, wenn es um die Diagnose Borreliose bei Ihrem Hund geht.

BEHANDLUNG

Passen allerdings Symptome und Testergebnisse zusammen und lassen sich andere Ursachen ausschließen, dann geht es um die Behandlung der Borreliose, und diese ist heute mindestens genauso unbefriedigend wie ihre Diagnostik.
Schulmedizinisch wird die Borreliose massiv mit Antibiotika behandelt, obwohl man weiß, dass diese keinerlei Wirkung auf die Borrelien haben. Um überhaupt einen kleinen Effekt zu erzielen, muss das Antibiotikum über mehrere Wochen verabreicht werden, und selbst dann wird der Erreger nicht vollständig eliminiert. Das Bakterium

Die Blüten der Karde bilden einen Kranz, der am Igelkopf wandert und immer wieder an anderer Stelle strahlt – wie die Wanderröte der Borrelioseinfektion bei Menschen.

ist viel zu „schlau" und es lässt sich nur extrem schwer bekämpfen, es hat allerhand Abwehrmechanismen zur Verfügung. Darum ist hier ein ganzheitlicher Therapieansatz Mittel der Wahl. Im Verdachtsfall einer Borreliose-Infektion empfehle ich einen Tierarzt, der Schulmedizin und Naturheilkunde miteinander sinnvoll kombiniert. Denn diese „Erkrankung" oder diese Symptomkomplexe lassen sich am besten ganzheitlich behandeln.

PHYTOTHERAPIE BEI BORRELIOSE

Wichtig zur Behandlung der Borreliose-Infektion sind vor allem die Symptome. Jede Infektion und jeder Patient hat andere Schwerpunkte der Symptome, so gibt es z. B. wechselnde Lahmheit, Fieberschübe, Hautausschläge, Augenentzündungen, Hautjuckreiz, Trägheit und Müdigkeit, Leberstoffwechselstörungen, neurologische Störungen und vieles mehr. Bei der Behandlung sollte vor allem auf die individuellen Symptome eingegangen werden.
Ein wichtiger Punkt der Therapie ist die Aktivierung und Stärkung der körpereigenen Abwehr.
Individuelle Symptome sollten phytotherapeutisch behandelt werden, denn eine Kräftigung und Unterstützung des erkrankten Organismus sollte oberstes Ziel sein. Die Phytotherapie bietet hier ein großes Spektrum an Hilfe und Therapiemöglichkeiten.

THERAPIE MIT DER KARDE

In neuerer Zeit ist die Karde (siehe S. 139) in der Humanmedizin bekannt geworden.
Dr. Wolf-Dieter Storl beschreibt in seinem Buch ihre Anwendung bei Borreliose beim Menschen. Es konnten mittlerweile auch schon viele Hunde durch eine Behandlung mit der Karde von ihren Beschwerden befreit werden. In meiner Praxis gehört die Karde zur Standardtherapie einer Borreliose oder des Symptomkomplexes der Borreliose. Auch alte und lahmende Hunde mit Arthrosen und steifen Gelenken profitieren von der Karde. Sie können eine **Kardentinktur** in guter Qualität entweder selbst herstellen oder über den Fachhandel, die Apotheke, beziehen (z. B. Ceres Urtinktur®). Ein Hund bekommt 2-mal täglich 5 – 10 Tropfen dieser Tinktur ins Maul. Die Dosierung kann individuell angepasst werden und manchmal ist eine höhere Dosierung nötig.
Kardenwurzel kann auch in getrockneter Form, zu Pulver verarbeitet oder als Kapsel unter das Futter gemischt werden.
Erfahrungsgemäß reagieren die Hunde nach 2 – 3 Wochen mit einer auffälligen Verbesserung der Symptome. Sie sind fitter und aktiver, laufen wieder gern und sprühen vor Lebensfreude.
Von diesen positiven Reaktionen berichten mir viele Hundebesitzer von alten und gelenkkranken Hunden. Somit ist die Karde heute für mich nicht nur eine ausgezeichnete Alternative zur Borrelienbehandlung, sondern auch ein vorzügliches Mittel für den geriatrischen Patienten geworden.
Nebenwirkung Eine Hautreaktion auf die Karde ist möglich und sollte nicht zum Abbruch der Therapie führen. Sie kann als „Entgiftung" verstanden werden und sollte, therapeutisch begleitet, „ausgesessen" werden.

KARDENTINKTUR SELBST HERSTELLEN

01 Kardenwurzel im erten Jahr ausgraben, …

02 … wenn sie noch eine Blattrosette ist.

03 Die Wurzel waschen und klein schneiden …

04 … und in ein Sprühfläschchen geben.

05 Mit einem hochprozentigen Schnaps auffüllen.

06 Drei Wochen stehen lassen und dann z. B. als Spray anwenden.

SOMMER

— *Zeit der Abenteuer und Reisen*

Ätherische Öle, z. B. Lavendelöl, wirken beruhigend auf den Hund.

GUT VERSORGT AUF REISEN

Viele Hunde dürfen die schönste Zeit im Jahr mit ihren Besitzern verbringen. Gemeinsam geht es auf Reisen, und sowohl für Mensch als auch für den Hund ist eine Reiseapotheke wertvoll.

Lassen Sie sich von Ihrem Tierarzt die wichtigsten Präparate zusammenstellen und achten Sie besonders auf die Auswahl pflanzlicher Produkte. Egal ob Übelkeit, Magenverstimmung, Durchfall oder kleinere Hautverletzungen, Prellungen und Stauchungen, sie alle lassen sich hervorragend pflanzlich behandeln.

LANGE AUTOFAHRT UND ÜBELKEIT

Gegen die Reiseübelkeit ist ein Kraut gewachsen – der **Ingwer**. Er schützt Ihren Hund vor der Übelkeit im Auto. Sie sollten ihn eine Stunde vor Antritt der Fahrt verabreichen. Am einfachsten, wegen seines eigenen Geschmacks, sind spezielle Tabletten (z. B. Firma Almapharm oder Alfavet) für Hunde zu verwenden, die Sie bei Ihrem Tierarzt erhalten. Ebenso ist ein humanmedizinisches Ingwerpräparat in der Apotheke erhältlich. Aber auch ein eingeflößter Ingwertee leistet gute Dienste. Nicht jeder Hund, der im Auto erbricht, hat ein Problem mit dem Magen oder mit Übelkeit. Oft sind es die **Angst oder Unruhezustände**, die den Hund erbrechen lassen. Es ist wichtig, diesen Unterschied zu erkennen, um richtig eingreifen und handeln zu können. Liegt die Ursache des Erbrechens während der Autofahrt an einem Angstproblem, so stehen Verhaltenstherapie und beruhigende Phytotherapeutika sowie die olfaktorische Konditionierung mittels **ätherischer Öle** an erster Stelle. Versuchen können Sie auch **Lavendelöl** zur Beruhigung oder Baldrian in Form von Dragees aus der Apotheke oder bei Ihrem Tierarzt (siehe auch S. 165).

PARASITENPROPHYLAXE

Sollten Sie mit Ihrem Hund in südliche Länder ans Meer fahren, so lassen Sie sich von Ihrem Tierarzt bezüglich einer angepassten Parasitenprophylaxe beraten. Übertragen von Sandfliegen oder Zecken, gibt es in verschiedenen Ländern sehr ernst zu nehmende Erreger, wie z. B. die Leishmanien. Darum muss ein sicherer Schutz vor den Überträgern in solchen Ländern gewährleistet sein. Für diese kurze Zeit im Jahr können Sie ausnahmsweise auf eines der handelsüblichen, synthetischen Präparate zurückgreifen. Es ist immer ein Abwägen zwischen

Nutzen und Schaden. Viele der „Reisekrankheiten" können tödlich sein oder Ihrem Hund ein Leben lang schaden.
Möchten Sie starke Pestizide vermeiden, dann können Sie Ihren Hund mit einem traditionellen Malaria-Prophylaxe-Phytotherapeutikum schützen. *Artemisia annua* eine Woche vor der Reise, während der Reise und eine Woche danach gegeben, verringert die mögliche Ansteckung mit Blutparasiten.

BLUTPARASITEN

Sollten Sie einen Hund aus dem Ausland haben, lassen Sie ihn auf Blutparasiten testen.
Je nach Herkunftsland kann er verschiedene Erreger in sich tragen. Dies sollten Sie mittels Bluttest überprüfen lassen.
Wenn es dann zur Diagnose einer dieser befürchteten Erkrankungen kommt, handeln Sie nicht vorschnell. Gern werden Hunde bei positivem Befund, bedeutet bei Antikörpern im Blut, sofort drastisch behandelt, was nicht immer nötig ist. Solange Ihr Hund nur Antikörper aufweist, dabei aber keinerlei Symptome zeigt, sollten Sie sein Immunsystem besser unterstützen, anstatt mittels starker Antibiotika oder noch schlimmerer Mittel zu unterdrücken.
Antikörper bedeuten erst einmal, dass sich das Immunsystem Ihres Hundes zur Wehr setzt, das ist erst einmal eine gute Sache.
Zusammen mit einem gut ausgebildeten Phytotherapeuten können Sie auch Blutparasiten pflanzlich behandeln. Eine gute Möglichkeit ist die Behandlung mit *Artemisia annua*, einer Heilpflanze, die seit Jahrhunderten beim Menschen erfolgreich gegen Malaria (ebenfalls ein Blutparasit) angewendet wird.
Das richtige Präparat in Kombination mit Karde und weiteren immunmodulierenden Phytotherapeutika kann eine Blutparasitose sehr erfolgreich behandeln. Sollte Ihr Hund schon unter schlimmen Symptomen leiden, z. B. bei Leishmaniose, Ehrlichiose, Babesiose und Co., kann eine kombinierte Therapie stattfinden, mit den gängigen Synthetika und den entsprechenden Phytotherapeutika.

Kleinere Wunden können Sie gut mit einer Beinwellsalbe behandeln.

KLEINE WUNDEN UND VERLETZUNGEN

Zur Behandlung kleinerer Wunden oder Verletzungen sollten Sie immer einige Heilpflanzen dabeihaben. Am einfachsten sind selbst hergestellte oder gekaufte Tinkturen oder Wundheilessenzen, wie z. B. eine selbst hergestellte **Blutwurztinktur** und eine **Ringelblumenessenz**, z. B. von Wala. Auch in den Urlaub sollten Sie eine Wundsalbe wie z. B. eine selbst zubereitete Ringelblumensalbe (siehe S. 61) mitnehmen. Gegen Traumen wie Prellungen oder Verrenkungen haben Sie am besten stets eine **Arnikatinktur** dabei. Diese können Sie verdünnt als Umschlag auf die verletzte Gliedmaße bringen. **Beinwellwurzeln**, mit denen Sie bei Bedarf einen Breiumschlag machen können, sind auch eine gute Möglichkeit (siehe S. 90). Eine Salbe aus Beinwell eignet sich wunderbar bei kleineren Verletzungen oder Prellungen und Verstauchungen. Sie können diese selbst zubereiten. Sehr gut bewährt hat sich auch die **Manuka**-Salbe oder alternativ purer Manuka-Honig (siehe S. 71).

☞ BEINWELLSALBE SELBST HERSTELLEN

01 *Beinwellwurzel klein schneiden und mit Olivenöl im Mörser zerdrücken.*

1. Graben Sie im Herbst Beinwellwurzeln aus. Entweder Sie haben welche im Garten oder Sie suchen eine Stelle, an der Beinwell in größeren Mengen wächst. Alternativ können Sie auch getrocknete Beinwellwurzel aus der Apotheke nehmen, bevorzugen Sie aber wenn möglich die frische Pflanze.
2. Waschen und reinigen Sie die Wurzel und einige Blätter und schneiden Sie sie in kleine Stücke.
3. Nehmen Sie 200 ml Olivenöl und geben Sie die Beinwellwurzelstückchen hinzu. Die Wurzelstückchen sollten von Öl bedeckt sein. Nun sieden Sie ganz vorsichtig und langsam das Öl auf niedriger Flamme. Ziehen Sie so die wertvollen Wirkstoffe behutsam aus der Wurzel. Bitte nicht kochen und somit die Wurzelstücke frittieren. Nehmen Sie sich dabei Zeit und ziehen Sie die Wurzel ca. 20 Minuten lang aus.

Alternativ Eine weitere Möglichkeit des langen und behutsamen Ausziehens der Wirkstoffe ist, die Wurzeln über Nacht im Öl stehen zu lassen und erst am nächsten Tag auszuziehen. Einige Kräuterfrauen lassen sie sogar mehrere Tage im Öl ausziehen, bevor sie Hitze dazugeben. Jedoch Vorsicht: Der Beinwell enthält viele Schleimstoffe und diese schimmeln schnell.

02 *Es entsteht ein extrem schleimiger und klebriger Brei. Da er im Fell des Hundes kleben bleibt, …*

03 *… wird er auf eine dünne Kompresse aufgetragen.*

4. Nach dem Ausziehen werden die Wurzeln abgeseiht und in das Öl 20 g Bienenwachs gegeben. Um die richtige Konsistenz der Salbe festzustellen, machen Sie den „Löffeltest". Geben Sie einen kleinen Klecks der Salbe auf einen Löffel, er trocknet schnell und Sie können die Konsistenz überprüfen.
5. Geben Sie die Salbe in kleine Tiegel und bewahren sie im Kühlschrank auf. Fertig ist die schmerzstillende und wundheilfördernde Heilsalbe.

Variante Die Wirkstoffe des Beinwells sollen in den meisten Fällen in tieferen Regionen wirken, daher macht es Sinn, als Fett, und somit Träger der Wirkstoffe, ein tierisches Fett zu benutzen. Ziehen Sie die Beinwellwurzeln in Hirschtalg oder Schweineschmalz aus, denn diese Fette dringen noch viel tiefer und schneller in die Haut ein.

04 Die Kompresse wird auf das schmerzende Gelenk gelegt und mit einem Verband befestigt.

KLEINE SCHNITTWUNDE

Waschen Sie die Pfote unter fließendem Wasser, desinfizieren Sie mit Calendula-Essenz oder Salbeitee. Wenn Sie unterwegs sind, können Sie auch Schafgarbe sammeln und davon einen Tee zubereiten oder den Saft aus der frischen Pflanze pressen. Danach können Sie einen Verband anlegen. Sie können auch Honig auf die Wunde schmieren. Wenn sich die Wunde rötet, eitert oder feucht infiziert aussieht, gehen Sie zum Tierarzt. Die meisten frischen und einfachen Schnittwunden heilen allerdings auch so sehr gut und dann ist keine Antibiose nötig.

DURCHFALL UNTERWEGS

Hunde, die Schnee fressen oder Meerwasser trinken oder einfach nur im Urlaub anderes Futter bekommen oder etwas aufgeschnappt haben, bekommen ab und zu Durchfall. Für solche Fälle sollten Sie neben Kohletabletten auch eine kleine Tüte Durchfalltee überallhin mitnehmen.

DURCHFALLTEE FÜR UNTERWEGS

— 25 g Brombeerblätter
— 25 g Kamille
— 25 g Heidelbeeren
— 25 g Fenchelsamen

Diese Mischung können Sie schon vor Antritt der Reise zu Pulver zermörsern und bei Bedarf über das Futter Ihres Hundes geben. Sie können auch einen Tee zubereiten und ihn Ihrem Hund zusammen mit etwas Honig einflößen.

Auf dem Spaziergang kann auch einmal etwas Ungesundes aufgenommen werden, das die Verdauung stört.

MAGEN UND DARM

Viele Magen-Darm-Erkrankungen lassen sich phytotherapeutisch sehr gut behandeln. Der Magen-Darm-Trakt ist für den Körper ein Zugang zur Außenwelt.

Über die Nahrung nehmen Hunde auch Stoffe auf, die den Magen- und Darm-Trakt stören können. Die häufigste Ursache für Durchfälle ist durch die Aufnahme von falscher und verdorbener Nahrung oder von Keimen bedingt. Die Ernährung unserer Hunde ist heute nicht mehr natürlich. Es werden Fertigfuttermittel gefüttert, die z. T. Inhaltsstoffe enthalten, die nichts mit natürlicher Ernährung zu tun haben. Wir füttern unsere Hunde heute ebenso mit Fastfood, wie wir es mit uns und unseren Kindern tun. Es gibt eine große Anzahl an Literatur zum Thema Ernährung. Einfache Magen- und Darm-Erkrankungen können meist schnell und natürlich behandelt werden und viele der gängigen Hausmittel lassen sich auch beim Hund anwenden.

Sollte der Durchfall Ihres Hundes begleitet sein von Fieber, Erbrechen, Blutungen, einem schlechten Allgemeinbefinden oder länger als 3 Tage anhalten, dann stellen Sie ihn einem Tierarzt vor. Bei sehr jungen Hunden und Welpen sollten Sie schnellstmöglich zum Tierarzt gehen.

NAHRUNGSBEDINGTE DURCHFÄLLE

Einfache, nahrungsbedingte Durchfälle können Sie gut zuhause behandeln. Zunächst geben Sie Ihrem Hund einen Tag lang nichts zu fressen. Viele Tiere, Wildtiere ebenso wie Haustiere, fasten von ganz allein, wenn es ihnen schlecht geht. Hundebesitzer haben häufig unnötige

Sorge, ihr Hund könne verhungern. Ein paar Tage ohne Nahrung überlebt jeder Hund. Es sollte aber sichergestellt werden, dass der Hund genügend trinkt.

Manche Hunde vertragen einen nüchternen Magen allerdings schlecht, sie haben einen übersäuerten Magen und erbrechen bei Nüchternheit sehr schnell. Geben Sie diesen Hunden für ein oder zwei Tage nur Kartoffelbrei oder noch besser Morosche Karottensuppe.

DIÄT NACH DEM FASTEN

Nach dem Fasten bieten Sie Ihrem Hund leichte, selbst gekochte Diät an:

- Hühnchenfleisch gekocht
- Reis sehr weich gekocht
- Kartoffeln weich gekocht und zu Brei gestampft
- Hüttenkäse
- Mageres Fischfilet oder Schweinefleisch (gar gekocht!)

Nehmen Sie jeweils nur eine Fleischart und eine Kohlenhydratquelle, geben Sie eine Prise Salz und Zucker hinzu. Sie können auch einen geriebenen Apfel oder ein Babygläschen Karottenbrei dazugeben. Füttern Sie 2 bis 3 Tage diese Diät. Danach beginnen Sie, das gewohnte Hundefutter unter die Diät zu mischen und so über einige Tage langsam die Nahrung wieder umzustellen.

WIRKSTOFFE GEGEN BAKTERIEN

Die Morosche Karottensuppe ist ein wunderbares Mittel gegen Durchfall. Dieser führt oft dazu, dass Bakterien oder Viren den Darm besiedeln und Giftstoffe freisetzen. Voraussetzung ist, dass sich der Erreger zuvor an die Darmwand anheftet. Da Antibiotika starke Nebenwirkungen auf die gesunden Keime haben (siehe S. 154 ff.), erforschten Wissenschaftler die altbewährten Hausmittel Apfel, Karotte, Heidel- und Preiselbeere. Aus über 100 Inhaltsstoffen fanden sie letztlich das wirksamste Kohlenhydrat. Es sind die sogenannten Oligogalakturonsäuren, die den von den Bakterien angesteuerten Rezeptor besetzen können. Diese Stoffe können bereits in winzigen Konzentrationen Bakterien in ihrer Haftung vollständig blockieren. Da der Wirkstoff Nahrungsmittelcharakter hat, ist er chemisch-synthetischen Verbindungen überlegen. Sie können diese Wirkstoffe ganz leicht selbst herstellen und Ihren Hund damit behandeln.

MOROSCHE KAROTTENSUPPE

- 500 g Karotten
- 1 Liter Wasser
- 1 Teelöffel Salz

Kochen Sie die Karotten 1,5 Stunden in 1 Liter Wasser. Danach pürieren Sie die Karotten zu Brei und füllen dann diesen Brei wieder zu 1 Liter mit Wasser auf. Geben Sie dann 1 Teelöffel Salz hinzu. Lassen Sie alles erkalten und füttern Sie mehrmals täglich hiervon kleine Mengen.

Karotten, Salz und Wasser – mehr brauchen Sie nicht.

PHYTOPRÄPARATE GEGEN DURCHFALL

Auch einige humanmedizinische Phytopräparate aus der Apotheke können Sie Ihrem Hund zu Hause oder auch auf Reisen geben.

Uzara-Tabletten Die Uzarawurzel stammt aus Afrika und hat eine ausgezeichnete Wirkung bei Durchfall, denn sie wirkt peristaltikhemmend, krampflösend und gegen Übelkeit. Geben Sie Ihrem Hund 1- bis 3-mal täglich 1 Tablette.

Myrrhinil Intest® Diese Tabletten aus der Humanmedizin enthalten Myrrhe, Kamille und Kaffeekohle. Diese Wirkstoffkombination wirkt entzündungshemmend, stopfend und regulierend auf den Darm. Geben Sie Ihrem Hund 1- bis 3-mal täglich 1 Tablette.

Auch die tiermedizinischen Hersteller haben mittlerweile einige sehr gute pflanzliche Präparate im Angebot. Fragen Sie Ihren Tierarzt nach pflanzlichen Durchfallmedikamenten. Jeder Kollege hat sicher das eine oder andere pflanzliche Präparat, Tabletten oder Pulver in seiner Praxis vorrätig.

Tannalbin® oder Tannalcomp® sind reine Gerbstofftabletten, die Sie ebenfalls in der Apotheke bekommen. Bei unkritischem Durchfall können diese Tabletten schnelle Abhilfe schaffen und den Durchfall stoppen. Je nach Größe des Hundes geben Sie 1- bis 3-mal täglich 1 bis 3 Tabletten.

STARKER DURCHFALL

— 50 g Eichenrinde
— 50 g Blutwurz
— 50 g Kamille
— 50 g Fenchel

Bei Bedarf 1 Teelöffel zu Pulver mörsern, mit einer halben Tasse heißem Wasser aufgießen, stehen lassen bis zum Erkalten und diesen Brei dem Hund einflößen.

☞ DURCHFALLPRÄPARATE IM ÜBERBLICK

PRÄPARAT	HERSTELLER	HEILPFLANZEN (unter anderem enthalten)
EnteroGast akut®	Inuvet	Rhataniawurzel, Eichenrinde, Flohsamenschalen
PlantaFerm KT®	PlantaVet	Kamille und andere Kräuter
Astoral Enteritab®	Almapharm	Zimt, Knoblauch und andere
Stullmisan vet® Pulver	Essex	Fichtennadelspitzen, Kamille, Melisse, Wermut
GesundErgänzung® Magen und Darm	Dr. Schaette	Chicoree, Apfel, Curcuma, Mohn
Diatab®	Alfavet	Obsttrester
Enteropro®	Albrecht	Wegerichsamen, Apfel, Zitrus

Der altbewährte Kamillentee beruhigt den Magen. Wichtig sind ganze Blüten, die noch alle Wirkstoffe enthalten.

MAGENBESCHWERDEN

KAMILLENTEE

Warmer Kamillentee beruhigt auch Hundemägen. Flößen Sie den Tee direkt ein oder geben Sie ihn unter eine kleine Portion Schonkost, wie z. B. Haferschleim und Hüttenkäse. Nehmen Sie ganze Kamillenblüten aus der Apotheke und nicht den Beuteltee. Dieser enthält nur noch einen Bruchteil der wichtigen Wirkstoffe.

MALVENBLÜTEN/ EIBISCHWURZELN

Beide enthalten vor allem Schleimstoffe und diese kleiden die gereizte Magenschleimhaut aus. Schleimstoffpflanzen werden immer kalt angesetzt und sofort verfüttert. Bei Bedarf geben Sie einen Esslöffel zerkleinerte Wurzeln in ein Glas mit kaltem Wasser. Lassen Sie diese eine halbe Stunde stehen und geben Sie das Wasser dann in das Hundefutter.

Kaltansatz Blüten oder schleimhaltige Wurzeln in kaltes, höchstens lauwarmes Wasser geben und eine halbe Stunde stehen lassen, abseihen und sofort anwenden.

IBEROGAST®

Das altbekannte Iberogast® kann auch Ihrem Hund gute Dienste leisten. Es enthält Auszüge aus der Bitteren Schleifenblume, Schöllkraut, Süßholzwurzel, Angelikawurzel, Kamillenblüten, Kümmelfrüchte, Mariendistelfrüchte, Melisse und Pfefferminze. Diese Kombination wirkt gegen Übelkeit, Magen-Darm-Beschwerden, Magenschmerzen, Blähungen und Reizmagen. Geben Sie Ihrem Hund 2- bis 3-mal täglich 5 – 10 Tropfen.

KÜKALEIWA

Hunde, die zu Magenschleimhautentzündungen und Übersäuerungen neigen, reagieren sehr gut auf ein klassisches Rezept aus der Humanmedizin. KüKaLeiWa ist ein basenüberschüssiger Trunk, der die Magensäure abpuffert:

— ½ l Wasser
— 1 mittlere Kartoffel waschen und ohne Schale in Stücke schneiden
— 1 Teelöffel Leinsamenkörner (nicht gemahlen)
— 1 Teelöffel Kümmel- oder Fenchelkörner (nicht gemahlen)

Alle Zutaten 20 Minuten kochen, dann abseihen. Wie beim Tee sind die wesentlichen Substanzen nach dem Kochen im Wasser und nicht in den festen Bestandteilen.
Diese Flüssigkeit 2- bis 3-mal täglich in das Futter geben. Je 50 bis 100 ml.
Im Kühlschrank lässt sich der Trunk 2 Tage aufbewahren. Eine KüKaLeiWa-Kur sollte mindestens 4 bis 6 Wochen dauern.

Greifen Sie nicht zu schnell zu Antibiotika!

BEHANDLUNG MIT ANTIBIOTIKA

Sollte sich Ihr Hund länger als 3 Tage mit dem Durchfall plagen oder es ihm dabei auch noch schlecht gehen, dann gehen Sie bitte mit ihm zum Tierarzt. Lassen Sie ihn gründlich untersuchen und besprechen Sie mit Ihrem Tierarzt die Therapiemöglichkeiten. Leider werden in der Tiermedizin noch immer zu schnell Antibiotika angewendet. Durchfallerkrankungen sind in den seltensten Fällen eine Indikation für eine Therapie mit Antibiotika. Unkomplizierte, nutritiv bedingte Durchfälle sollten nicht antibiotisch behandelt werden, da Antibiotika Bakterien abtöten. Bitte wägen Sie mit Ihrem Tierarzt genau ab, ob die Durchfallerkrankung Ihres Hundes mit einer Infektion von Bakterien einhergeht. Stark blutige Durchfälle deuten auf eine durchlässige Darmschranke hin. Dies kann zum Austritt von Darmkeimen führen und somit eine Indikation für eine Antibiose sein. Fieber oder schlechtes Allgemeinbefinden können ebenfalls auf eine bakterielle Infektion hindeuten, auch in diesem Fall kann eine Gabe von Antibiotika Sinn machen.

KEIN HALT VOR GESUNDEN DARMBAKTERIEN

In den allermeisten Fällen ist eine Gabe von Antibiotika allerdings nicht nötig und sogar schädlich. Antibiotika machen nicht Halt vor den wichtigen und gesunden Darmbakterien, und sind diese erst einmal abgetötet, beginnt ein unangenehmer Kreislauf und die Darmflora ist häufig sehr stark geschädigt. Dies führt dann zu einer hohen Anfälligkeit des Darms für allerlei Infektionen. Nicht umsonst gibt es immer wieder Hunde, die ständig zu Darmerkrankungen neigen. Diese Hunde haben oft eine lange Leidens- und Therapiegeschichte hinter sich und immer wieder werden sie antibiotisch behandelt, was zu Resistenzen und zur komplett geschädigten Darmflora führt. Wichtig sind dann eine Darmsanierung und der Aufbau einer gesunden Darmflora (siehe S. 110 ff.). Besprechen Sie also ausführlich und kritisch mit Ihrem Tierarzt jede Antibiotikagabe. Die meisten Durchfälle lassen sich auch ohne Antibiotika behandeln, sie dauern dann eventuell ein oder zwei Tage länger an, der Darm trägt hinterher aber keinen Schaden davon.

KORTISON

Ganz deutlich sollten Sie sich gegen eine Gabe von Kortison aussprechen.
Oft werden Antibiotika und Kortikosteroide gleichzeitig verabreicht. Dies führt zwar häufig zur schnellen Besserung der Symptome, eine Heilung tritt hier allerdings nicht ein, und wenige Wochen später hat der Hund ein weiteres, anderes oder dasselbe Problem. **Kortikosteroide stoppen zwar schnell das Symptom Durchfall, sie unterdrücken allerdings das Immunsystem und schaden der Leber.** Ein Körper, dessen Immunsystem nicht richtig arbeiten kann, kann sich nicht bei der Heilung unterstützen.
Nur in extrem seltenen Fällen ist die Gabe von Kortikosteroiden bei Durchfall überhaupt nötig und sinnvoll. Einige autoimmunbedingte Durchfälle wie die sogenannte IBD (Inflammatory Bowel Disease) lassen sich nur mittels immunsupprimierender Medikamente behandeln. Klassisch schulmedizinisch werden hier häufig Kortikosteroide eingesetzt. Dies ist aber nicht unbedingt nötig. Auch die Welt der pflanzlichen Inhaltsstoffe bietet hier Möglichkeiten. So wirken z. B. die Wirkstoffe des **Weihrauchs** (siehe S. 172, 187) auf sehr ähnliche Weise entzündungshemmend im Darm, wie es Kortison tut. Die Boswelliasäuren können hier eine ausgezeichnete Alternative bieten. Sprechen Sie dies mit einem erfahrenen Phytotherapeuten durch, bevor Ihr Hund lebenslang Kortikosteroide nehmen muss.

CHRONISCHE DARM-ENTZÜNDUNGEN

Sie werden mittlerweile beim Menschen auch oft phytotherapeutisch behandelt oder eine Behandlung wird begleitend eingesetzt. Gern wird die Kombination aus Myrrhe, Kaffeekohle und Kamille angewendet. **Myrrhe** und **Weihrauch**

Die Wirkstoffe des Langen Schwarzen Pfeffers können bei chronischen Darmentzündungen helfen.

(siehe S. 186, 187) wirken ähnlich wie Kortison und werden mit großem Erfolg bei immunbedingten, chronischen Darmerkrankungen eingesetzt. Weitere pflanzliche Wirkstoffe sind Curcuma, Langer Schwarzer Pfeffer und Hanf. Manch einem „austherapierten" Darmpatienten konnte damit geholfen werden.

HEILMASSNAHME DES KÖRPERS

Bitte bedenken Sie auch, dass der einfache Durchfall zunächst keine Erkrankung ist, sondern eine Heilmaßnahme des Körpers, sich von unerwünschten Dingen so schnell wie möglich zu befreien. Wird dieser Mechanismus unterdrückt und mittels Kortison das Immunsystem inaktiviert, dann kann es nicht zu einer gesunden Ausheilung kommen. Ganz selbstverständlich hat eine solche Therapie Auswirkungen, die schädlich für den Organismus sind. Oft wird dies nicht bemerkt, da die Folgeschäden später auftreten und nicht mehr mit der Therapie in Zusammenhang gebracht werden.
Sprechen Sie Ihren Tierarzt darauf an und fragen Sie, was er Ihrem Hund spritzt. Seien Sie kritisch mit der allgemein üblichen Gabe von Antibiotika und Kortison. Hinterfragen Sie und nennen Sie deutlich Ihre Bedenken. Die phytotherapeutische Behandlung von chronischen Darmerkrankungen dauert immer länger als der Einsatz immunsupprimierender Präparate. Langfristig hat der Hund allerdings nur durch eine ganzheitliche Behandlung eine Chance auf Heilung. Symptomunterdrückung sollte langfristig nie Ziel sein.

ERNÄHRUNG BEI CHRONISCHEM DURCHFALL

Tierärzte verordnen hier gern Fertigfutter und sehr gern Trockenfutter. Es kann in Einzelfällen auch der leichtere und weniger aufwändige Weg sein und muss mit jedem Hundebesitzer klar besprochen werden. Fakt ist aber, dass eine gesunde ausgewogene und frische Ernährung nicht in getrockneter Form und als Fertigfutter daherkommt. Die gesündeste Ernährung ist für Mensch und Hund eine naturnahe, frische und ausgewogene Kost ohne Zusätze und so wenig technisch verarbeitet wie möglich (siehe auch S. 113 ff.). Wenn Sie eine solche Kost für Ihren Hund wünschen, lassen Sie sich nicht erzählen, dass das falsch oder gar gefährlich sei.
Beim Selberkochen, vor allem für kranke Hunde, können natürlich allerhand Fehler passieren und

Fenchelsamen gehören zu den bekannten Darm-Tees.

Brombeerblätter enthalten gut verträgliche Gerbstoffe.

leider tummeln sich mittlerweile sehr viele selbsternannte Ernährungsberater auf dem Markt, die viel „Un"wissen verbreiten. Es ist als Hundehalter sehr schwer, den richtigen Weg und die passende Hilfe zu finden. Fragen Sie im Zweifel nach einem Tierarzt, der auf Ernährung spezialisiert ist und seien Sie immer sehr skeptisch, wenn der Ernährungsberater für einen Futtermittelhersteller arbeitet oder gar selbst ein Futter produziert und vertreibt. Unabhängiges Arbeiten und Objektivität sind dann nicht mehr gegeben. Es sollte niemals darum gehen, eine spezielle Futtermarke zu verkaufen, sondern einzig und allein um den Hund als Individuum, mit eigener Geschichte und einer an ihn angepassten Ernährung. Ich sehe mit großer Besorgnis, dass selbst Therapeuten, die diese These genauso vertreten, plötzlich damit beginnen, Futter zu produzieren und zu vermarkten. Ab dem Punkt geht es nicht mehr um den Patienten und das sollten Sie als Hundebesitzer nicht zulassen. Haben Sie eine gute Hilfe an der Hand, dann werden Sie genau den Ernährungsplan zusammenstellen, der auf die Bedürfnisse Ihres Hundes passt.

Immer wieder höre ich in meiner Praxis, dass Hunde kein Frischfutter vertragen würden und nur mit Trockenfutter frei von Durchfall seien. In dem Fall müsste der Hund allergisch auf Wasser reagieren. Das gibt es nicht. Es ist nicht die Tatsache der Frische oder des enthaltenen Wassers, es ist einfach noch nicht die richtige Zusammenstellung für den Hund gefunden worden. Es muss also nicht unbedingt ein Trockenfutter sein.

HEILTEES

Lassen Sie sich eine Teemischung als Unterstützung der Durchfalltherapie in der Apotheke zusammenstellen. Achten Sie, wenn möglich, auf Ganzblattware. Vorteil der Teedrogen aus Apotheken ist ihr standardisierter und geprüfter Gehalt an Wirkstoffen.

Zerstoßen Sie die Teemischung immer kurz vor der Zubereitung, so haben Sie die Sicherheit, dass die Pflanze noch eine große Menge ihrer Wirkstoffe enthält, die sie durch das Zerkleinern erst kurz vor der Gabe freigibt. Noch besser ist es, die entsprechende Menge in einem Mörser zu Pulver zu mörsern und dieses dann mit heißem Wasser zu überbrühen. Füttern Sie dieses Pulver dann einfach mit. So erhält Ihr Hund alle möglichen Inhaltsstoffe aus den Pflanzen. Und der beste Extraktionsmechanismus ist der von der Natur vorgegebene – die Verdauung.

MILDER DURCHFALLTEE

- 30 g Brombeerblätter
- 30 g Kamille
- 20 g Fenchel
- 20 g Pfefferminze

DURCHFALL MIT BAUCHKRÄMPFEN

- 25 g Gänsefingerkraut
- 25 g Kamille
- 25 g Fenchel
- 25 g Melisse

AKUTER DURCHFALL

- 30 g Heidelbeeren
- 30 g Kamille
- 30 g Fenchel
- 10 g Blutwurz

1 Teelöffel auf eine kleine Tasse Wasser. Kochend überbrühen und ziehen lassen, bis der Tee abgekühlt ist. Verfüttern Sie diese Tee-Brei-Mischung 2- bis 3-mal täglich.

Dosierung:
Kleiner Hund – 10 kg = ½ oder 1 Teelöffel auf eine kleine Tasse Wasser
Mittlerer Hund – 10 bis 25 kg = 1–2 Teelöffel auf eine Tasse Wasser
Großer Hund – ab 25 kg = 1 Esslöffel auf eine Tasse Wasser

WICHTIGE HEILPFLANZEN

ECHTE KAMILLE – S. 129

Jedes Kind bekommt bei Erkrankungen des Magen- und Darmtrakts Kamillentee. Die Kamille ist eine wundervolle Heilpflanze, auch für unsere Hunde. Sie enthält eine Vielzahl an wertvollen Wirkstoffen und wirkt entzündungshemmend und krampflindernd.

HEIDELBEEREN

Getrocknete Heidelbeeren wirken sanft stopfend und enthalten entzündungshemmende Wirkstoffe. Sie geben dem Tee außerdem einen feinen Geschmack und haben sich bei Hunden mit chronischem Durchfall sehr gut bewährt. Die entzündungshemmende Wirkung der Heidelbeeren ist sehr stark ausgeprägt. Der hohe Preis schreckt etwas ab, aber es lohnt ein Versuch. Geben Sie Ihrem Hund täglich einen Teelöffel getrocknete Heidelbeeren (im Mörser zerstoßen) ins Futter.

Vorsicht Frische Heidelbeeren bewirken das Gegenteil, sie wirken leicht abführend.

Getrocknete Heidelbeeren wirken stopfend.

FENCHEL – S. 130

Der Fenchel ist eine Heilpflanze, die in der Kindermedizin gern angewendet wird. Seine Wirkstoffe wirken aber auch bei unseren Hunden. Fenchelsamen wirken blähungstreibend, krampflösend und fördern die Magen- und Darmbewegung. Auch der Fenchel bringt einen angenehmen Geschmack in den Tee.

Wichtig Fenchelsamen vor dem Überbrühen mit heißem Wasser im Mörser anquetschen, erst dann können seine wertvollen Inhaltsstoffe herausgelöst werden.

BLUTWURZ – S. 126

Die Blutwurz wirkt stark zusammenziehend und damit stopfend, blutstillend, keimhemmend, schmerzlindernd und entzündungshemmend.

Sie wird vor allem bei starken Durchfällen angewendet oder dann, wenn dem Kot Blut beigemengt ist.

Blutwurz-Zäpfchen Sie sind eine ausgezeichnete Möglichkeit, Wirkstoffe an Ort und Stelle zu bringen. Durch die Gabe von Zäpfchen wird der Stoffwechselweg über die Leber umgangen. Hunde mit chronischer Dickdarmentzündung profitieren von Blutwurz-Zäpfchen. Die starken Gerbstoffe und die stark ausgeprägte, entzündungshemmende Wirkung eignen sich dann besonders gut, wenn der Hund eine Entzündung vor allem im Dickdarm hat. Das bemerken Sie am typischen Schleimüberzug auf dem Kot oder ganz schleimigem Kot. Auch bei chronischer **Analbeutelentzündung** wirken Blutwurz-Zäpfchen sehr gut.

BROMBEERBLÄTTER – S. 127

Wie alle Rosengewächse so enthält auch die Brombeere eine große Menge an Gerbstoffen. Brombeerblätter enthalten milde und sehr gut verträgliche Gerbstoffe. Sie wirken sanft zusammenziehend und stopfend. Von Vorteil ist auch, dass jeder Brombeerblätter selber sammeln und trocknen kann, da sie überall zu finden sind. Ähnliche Wirkung haben Himbeer- und Erdbeerblätter.

MELISSE – S. 135

Die Melisse entspannt und beruhigt nicht nur das Gemüt, sondern auch den Magen- und Darmtrakt. Sie wirkt außerdem blähungswidrig und krampflösend. Melisse kann gut im Blumentopf gezogen und frisch oder auch getrocknet verfüttert werden. Sie wirkt auch sehr gut in Form einer Tinktur. Nervöse Hunde, die zu Verdauungsproblemen neigen, profitieren von 2 bis 5 Tropfen Melissen-Tinktur am Abend. Auch in der Tiermedizin gehören Körper, Geist und Seele zum Gesunden dazu. Ein ängstlicher oder gestresster Hund kann körperliche Symptome haben. Durchfall und andere Darmprobleme treten oft auch als Folge psychischer Leiden auf. Die Melisse wirkt lindernd und entspannend auf Körper und Geist.

PFEFFERMINZE

Der berühmte Pfefferminztee ist nicht nur ein schmackhafter Genuss, er enthält auch eine große Menge an guten Wirkstoffen. Er wirkt vor allem krampflösend, schmerzlindernd und verdauungsfördernd. Hunde mögen den Geschmack von Minze meist nicht, in kleiner Menge im Magen- und Darmtee stört es sie allerdings kaum. Pfefferminze ist vor allem dann gut geeignet, wenn die **Verdauungsprobleme mit Übelkeit** einhergehen. Auch laute Darmgeräusche, die durch Krämpfe und eine erhöhte Motorik entstehen, lassen sich gut mit Pfefferminze behandeln. Mag Ihr Hund den Geschmack der Pfefferminze nicht, Sie oder der Phytotherapeut möchten aber mit ihren Wirkstoffen behandeln, dann kann es Sinn machen, Pfefferminzkapseln anzuwenden. Sie werden vom Hund geschluckt und die Wirkstoffe werden erst im Darm frei. So können die entkrampfenden und entzündungshemmenden Wirkstoffe am Ort des Geschehens wirken, ohne dass der Hund den Geschmack der Pfefferminze aufnehmen muss.

GÄNSEFINGERKRAUT – S. 131

Ideal bei milden Durchfällen und Bauchkrämpfen

WEITERE HEILPFLANZEN

Weitere unterstützende Heilpflanzen sind beispielsweise diejenigen, die Symptome lindern können, wie z. B. blähungswidrige Teemischungen oder Tinkturen aus Kamille, Fenchel und Kümmel. Außerdem werden entspannende Teedrogen wie Melisse, Orangenblüten oder Passionsblüten gern eingesetzt.

HEILPFLANZEN BEI MAGEN-DARM-ERKRANKUNGEN

HEILPFLANZE	WIRKUNG/ANWENDUNG
Kamille	entzündungshemmend und entkrampfend bei Magen- und Darmproblemen, schützt vor Magengeschwüren, bei Magenschleimhautentzündung
Brombeerblätter	gut verträgliche Gerbstoffe, wirken stopfend
Heidelbeeren getrocknet	entzündungshemmend, keimhemmend, stopfend, brechreizlindernd, binden Gifte im Darm, gut gegen Durchfall
Fenchel	entblähend und entkrampfend, gegen Bauchschmerzen
Pfefferminze	krampflösend, brechreizlindernd, schmerzlindernd, regt Verdauung an
Gänsefingerkraut	Gerbstoffe wirken zusammenziehend, stark entkrampfende Wirkung
Eichenrinde	stark stopfende Gerbstoffe
Schafgarbe	appetitanregend, entzündungshemmend
Blutwurz	sehr starker Gerbstoff, Darmentzündung

SCHWERE DURCHFALL-ERKRANKUNGEN

Auch schwerwiegendere Durchfallerkrankungen können phytotherapeutisch sehr gut begleitet werden. Lassen Sie lang anhaltende oder immer wiederkehrende Durchfälle, oder solche, bei denen Ihr Hund ein gestörtes Allgemeinbefinden zeigt, immer gründlich von einem Tierarzt untersuchen. Nach eingehender Untersuchung, dazu gehören Kotuntersuchungen, Blutuntersuchungen und evtl. Ultraschall und Röntgen, muss auch die Ernährung mit dem Tierarzt genau besprochen werden. Chronische Durchfälle können eine ganze Reihe von Ursachen haben, auf die gründlich untersucht werden muss. Doch oft steht am Ende die Diagnose „Chronisch-entzündliche Darmentzündung" (Inflammatory bowel disease, IBD), zu denen z. B. **Morbus Crohn** oder **Colitis ulcerosa** gehören. Diese „Erkrankungen" werden schulmedizinisch meist mit entzündungshemmenden Medikamenten wie Kortikosteroiden oder Antibiotika behandelt. Neben einer Ernährungsumstellung können sie auch sehr gut phytotherapeutisch begleitet werden.

UNTERSTÜTZENDE HEILPFLANZEN

Einige pflanzliche Wirkstoffe haben sich in der Humanmedizin durchaus bewährt. Ein wichtiges Phytotherapeutikum ist hierbei der Weihrauch, der spezifisch die 5-Lipoxygenase (einen verantwortlichen Entzündungsstoff) hemmt und direkt ins Entzündungsgeschehen der Darmwand eingreift. Ein spezielles Weihrauchpräparat kann dieselben Erfolge bringen wie die üblich angewendeten Kortikosteroide. Hier ist es allerdings wichtig, sich von einem erfahrenen Phytotherapeuten ein spezielles Präparat verschreiben zu lassen. Auf dem Markt werden mittlerweile unzählige Weihrauchpräparate angeboten, aber nur sehr wenige eignen sich tatsächlich zur Therapie. Viele von ihnen enthalten die nötigen Wirkstoffe nicht oder nur in geringen Mengen, außerdem ist die Qualität vieler dieser Präparate sehr schlecht. Ähnlich wirkt Myrrhenharz, das in einer sinnvollen Kombination in der Humanmedizin vorhanden ist.

— Einige Pflanzen wirken sehr gut krampflösend und können Spannungen der Darmwand lösen, wie z. B. der Zimt.

Curcuma-Wurzeln werden meist als Präparate in Kapselform verabreicht.

— Zur Senkung des Kotabsatzes und zur Kotverfestigung kann Flohsamen oder Leinsamen eingesetzt werden.
— Entzündungen können mittels Borretschöl oder Nachtkerzenöl gelindert werden.

Hier ist das phytotherapeutische Wirkpotential sehr groß und erfahrene Phytotherapeuten können, individuell auf den Patienten angepasst, mittels pflanzlicher Wirkstoffe eingreifen.

HANF

Eine weitere Heilpflanze, die bei chronischer Darmentzündung angewendet werden kann, ist der Hanf. Glücklicherweise gibt es heute die Möglichkeit, Hanfprodukte und Medikamente zu beziehen. Sehr gute Präparate bekommen Sie aktuell in der Schweiz. Dazu gehören hochdosierte und standardisierte CBD-Öle. Hier gilt, je preisgünstiger, umso schlechter die Qualität. Ein gutes 10 %-iges CBD-Öl kann bei chronisch entzündlichem Geschehen Wunder wirken. Einige Hersteller beginnen gerade mit der Entwicklung von Hanfpräparaten in Form von Pulver, auch speziell für den tiermedizinischen Markt. Es lohnt, bei schwerwiegenden Erkrankungen einen Therapeuten aufzusuchen, der mit Hanf arbeitet.

CURCUMA

Sie ist eine weitere Heilpflanze, die heute erfolgreich bei Entzündungen eingesetzt wird. Bei Entzündungen im Darm scheint es sinnvoll zu sein, Curcuma in Kapselform zu verabreichen. Ein sehr gutes Präparat ist das von Dr. Wolz: Curcumin Extrakt 45®. Oder Sie geben einmal pro Woche ein fingernagelgroßes Stück frischen Curcuma ins Futter.
Bei chronischen Darmpatienten kann es nötig sein, eine Weile zu suchen, bis man das passende Medikament und die richtige Heilpflanze gefunden hat. Geben Sie nicht gleich auf. Gemeinsam mit einem guten Therapeuten, einer ausgewogenen Ernährung und der richtigen Phytotherapie kann sehr vielen dieser Patienten geholfen werden.

☞ CHRONISCHE DARMERKRANKUNGEN GANZHEITLICHER THERAPIEANSATZ

WAS ÄNDERN?	WIE?
Nahrungsumstellung	Selberkochdiät, Ausschlussdiät, Barfen, Spezialfutter – Beratung durch Ernährungsberater oder fachkundigen Tierarzt
Darmsanierung	Pre- und Probiotika, Pflege der Darmflora, Ausputzen des Darms mittels Heilpflanzen (siehe S. 110 ff.)
Symptomlinderung	Heilpflanzen, speziell auf die individuellen Symptome abgestimmt Beispiele: Fenchel gegen Blähungen, Gänsefingerkraut gegen Krämpfe
Therapie des Entzündungsgeschehens	Heilpflanzen, die gezielt und aktiv in die gestörten Mechanismen eingreifen, ähnliche Wirkung wie synthetische Entzündungshemmer Beispiele: Weihrauch, Myrrhe, Kamille, Zimt und Co.

Lassen Sie Ihren Hund „Hund sein". Ein starkes Immunsystem hilft, mit Darmparasiten zurechzukommen.

DARMPARASITEN

Sind alle Wildtiere stark verwurmt? Tragen sie Schaden von den Parasiten, die sie in sich beherbergen? Benötigen sie ständige und regelmäßige Entwurmungen?
Tiere, die in einer natürlichen Umgebung leben und sich artgemäß verhalten und ernähren können, haben wenige Probleme mit Darmparasiten. Sie sind zwar nicht frei von Parasiten, haben aber bei einer natürlichen Lebensweise keine Probleme mit ihnen. Probleme treten erst bei einer gestörten Lebensweise auf. Artgemäßes Leben führt zu einer gewissen Belastbarkeit des Immunsystems. Artgemäße Ernährung sorgt für eine gesunde Verdauung und somit für einen gesunden Darm. Wildtiere können in aller Regel, solange sie sich mit ihrer Natur im Gleichgewicht befinden und ein starkes Immunsystem haben, gut mit Parasiten leben.

ÜBERTRIEBENE HYGIENE

Unsere heutige Denkweise in Bezug auf Parasiten ist stark geprägt von einem übertriebenen Wunsch nach Hygiene. Keim- und Parasitenfreiheit gehören für uns zu einem gehobenen Lebensstandard. Interessant ist in diesem Zusammenhang, dass man festgestellt hat, dass Menschen in den Regionen der Welt, in denen noch keine Parasitenfreiheit herrscht, nicht an Allergien oder Autoimmunerkrankungen leiden. Man geht heute so weit, dass Menschen mit entsprechenden Krankheiten, wie beispielsweise Morbus Crohn oder Neurodermitis, Medikamente mit Partikeln von Darmwürmern erhalten. Diese sollen das menschliche, darmassoziierte Immunsystem trainieren und beschäftigen und somit solche Erkrankungen heilen.

HÄUFIGE ENTWURMUNGEN

Wir entwurmen unsere Hunde ständig und schon in frühestem Alter sehr häufig. Tiermediziner und die Pharmaindustrie erklären uns, Darmparasiten seien eine große Gefahr für unsere Hunde und für uns. Sie raten zu regelmäßigen Entwurmungen. Immer wieder raten Fachleute dazu, Hunde und Katzen alle 4 Wochen zu entwurmen.
Tatsache ist, dass ein gesunder Darm einen Parasitenbefall auch einmal selbst verarbeiten kann. Wildtiere, die sich in ihrer natürlichen Umgebung aufhalten, haben nur sehr selten ein Problem mit ihren Darmparasiten, leider aber leben unsere Hunde heute alles andere als natürlich. Sie fressen Fastfood, haben zu wenig Bewegung, erhalten zu wenig frische Luft und Sonne und haben häufig ein ausgesprochen unnatürliches Sozialverhalten. Sie leben allein unter Menschen, vertragen sich

nicht mit Artgenossen und haben zu wenig Sozialkontakte. Sie werden von Welpen an geimpft und entwurmt, häufig erhalten sie in jungen Jahren Antibiotika. Jeder kleinste Infekt wird schulmedizinisch antibiotisch versorgt. Ihr Immunsystem hat gar keine Chance, sich vernünftig zu entwickeln.

TRAINING DES IMMUNSYSTEMS

Der Darm ist ein enorm wichtiger Teil des Immunsystems eines jeden Organismus. Hier kommt der Körper mit Substanzen aus der Außenwelt in Kontakt und bekämpft diese. Dadurch wird das Immunsystem geschult und trainiert. Bleibt diese Schulung, dieses Training aus, dann verkümmert das Immunsystem und kann seine wertvolle Arbeit irgendwann nicht mehr vernünftig ausführen.

Derart unnatürliche Lebensweisen und solch verkümmerte Organismen können sich bald nicht mehr selbst schützen. Sie verlernen es, selbst gegen einen Parasiten zu kämpfen. Dadurch, und durch extrem unnatürliche Nahrung und Haltung unserer Hunde, kommt es manchmal tatsächlich zu einer Überbesiedlung der Darmparasiten und damit zu einem Problem für unsere Hunde. In einem solchen Fall ist der Wirt zu schwach, um mit seinen Parasiten gemeinsam leben zu können.

VORBEUGEND ENTWURMEN?

Aber sollten wir das Problem nicht an den Wurzeln packen, anstatt nur seine Folgen mit chemischen Mitteln zu bekämpfen? Entwurmungsmittel werden oft als sehr harmlose Medikamente dargestellt. Tatsache ist, dass auch sie über die Leber verstoffwechselt werden. Einige Antiparasitika haben ein sehr hohes Nebenwirkungspotential und man sollte sich immer genau überlegen, ob ihre Anwendung tatsächlich nötig ist.

Viele Hundebesitzer entwurmen gern vorbeugend und wägen sich in einer scheinbaren Hygienemaßnahme. Entwurmungsmittel wirken nur akut und töten die vorhandenen Würmer ab, sie wirken niemals vorbeugend. Einige Tage nach der Entwurmung kann sich der Hund theoretisch wieder infizieren. Darum ist auch der scheinbare Hygieneaspekt nur ein Wunschdenken.

Da unsere Hunde heute sehr unnatürlich leben und fressen und ihr Immunsystem häufig schon im Welpenalter geschädigt wird, ist es leider oft der Fall, dass sie selbst mit den Parasiten nicht mehr zurechtkommen und synthetisch behandelt (entwurmt) werden müssen.

Wir sollten uns mehr Gedanken darüber machen, unsere Hunde so gesund zu erhalten, dass sie mit einem Wurm ab und zu selbst klarkommen. Wir sollten das lebenswichtige Immunsystem unserer Hunde fördern und unterstützen und nicht verkümmern lassen.

Die Frage ist auch, ob ein Darm, der ständig und regelmäßig synthetisch „aufgeräumt" wird, nicht auch irgendwann sehr viel anfälliger für Parasiten wird. Kann es nicht sein, dass diese vielen prophylaktischen und unnötigen Entwurmungen dazu führen, dass unsere Tiere häufiger Parasiten aufnehmen?

GESUND LEBEN

Achten Sie bei Ihren Hunden auf eine naturnahe Lebensweise: viel Bewegung an frischer Luft, Sozialkontakte und eine naturnahe Ernährung. Sorgen Sie sich lieber um das Immunsystem Ihres Hundes und unterstützen Sie es, anstatt in eine Pseudo-Hygiene-Hysterie zu verfallen.

Wermut enthält starke Bitterstoffe, die vorhandene Darmparasiten schädigen.

RESISTENZEN GEGEN ANTIPARASITIKA

Auch Darmparasiten entwickeln immer häufiger Resistenzen gegen Antiparasitika. Dies ist eine höchst bedenkliche Entwicklung, die künftig tatsächlich zu einem Problem werden könnte. Die Reaktion der Pharmaindustrie darauf ist die ständige Weiterentwicklung neuer Medikamente. Medikamente (Antiparasitika) der neuesten Generation müssen nicht unbedingt besser sein. Oft sind sie noch stärker und enthalten noch kritischere Pestizide. Diese Entwicklung ist in vielerlei Hinsicht ungut. Zum einen macht es keinen Sinn, auf Resistenzen mit immer mehr und weiter entwickelten Medikamenten zu reagieren, das ist eine Sackgasse. Zum anderen scheiden unsere Hunde diese Pestizide aus und die gelangen ins Grundwasser. Hier muss ein anderer Weg, ein neuer Umgang gefunden werden! **Angemessene Hygiene, antiparasitische Behandlung bei Bedarf und die Gesunderhaltung und die Förderung einer guten Immunität müssen im Vordergrund stehen.**

KOTUNTERSUCHUNGEN

Vor allem Welpen sollten Sie nicht prophylaktisch entwurmen lassen. Viel sinnvoller und dazu noch völlig unproblematisch sind regelmäßige Kotuntersuchungen. Sammeln Sie an drei aufeinanderfolgenden Tagen etwas Kot ein und lassen Sie ihn von Ihrem Tierarzt oder einem Labor auf Parasiten untersuchen. Nur bei Befall wird dann entsprechend und gezielt entwurmt. Geben Sie dem sich entwickelnden, darmassozierten Immunsystem die Chance, sich zu entwickeln. Ein gesunder Darm, ein gut ausgebildetes Immunsystem, ist eine wirklich gute Parasitenprophylaxe. Achten Sie auf eine gesunde Lebensführung Ihres Welpen und unterstützen Sie seinen Darm und damit sein Immunsystem durch eine gesunde und vielseitige Ernährung. Unterstützen Sie ihn auch von Beginn an mit gesunden Heilpflanzen. Und lassen Sie es zu, wenn Ihr Welpe Gras, Wurzeln und Erde frisst. Seien Sie nicht besorgt, wenn er auch mal Dinge zu sich nimmt, die Sie als eklig empfinden. Solange es keine allzu starken Ausmaße annimmt, kann es für Ihren Welpen sehr gesund sein, wenn er ab und zu mal aus Pfützen trinkt. Auch bei Menschenkindern wissen wir heute, wie wichtig der Umgang mit „Dreck" ist, und dass Bauernhofkinder seltener Allergien entwickeln als Stadtkinder. Kleine Dosen von Giften werden auch von Wildtieren aufgenommen, und man nimmt an, dass diese Maßnahme ihr Immunsystem schult, ähnlich wie eine Impfung (Lesetipp: „Wild Health" von Cindy Engel).

PHYTOTHERAPIE BEI WURMBEFALL

Eine phytotherapeutische Bekämpfung gegen Darmwürmer bei Mensch und Tier ist in der Literatur oft beschrieben worden. Leider handelt es sich hierbei immer um sehr drastisch wirkende Pflanzen und die Entwurmung gleicht einer Vergiftung. Eine solche Entwurmung ist bei unseren Hunden nicht sinnvoll und sollte, wenn überhaupt, nur von einem sehr erfahrenen Phytotherapeuten durchgeführt werden. Phytotherapeutische Drastika, die eventuell einen Wurmbefall bekämpfen könnten, können nicht so exakt dosiert werden, dass am Ende nicht die Gefahr besteht, den Wirt gleich mit zu töten. Viel wichtiger und sinnvoller ist die vorbeugende und gesunderhaltende, phytotherapeutische Behandlung des Hundes. Mittels pflanzlicher Wirkstoffe kann ein gesundes Darmmilieu geschaffen werden. Ein gesunder Darm enthält genügend Schutzmechanismen, um sich selbstständig gegen Parasiten wehren zu können. Auch gibt es pflanzliche Stoffe, die es den Parasiten im Darm einfach ungemütlich machen.

Auf dem Markt sind einige auf Kräutermischung basierende Präparate erhältlich, die in der Tat eine sehr gute, wurmabwehrende Wirkung haben. Hierzu gehören die Antiparasitika der Firmen AniForte, PerNaturam, Naturheilkunde-bei-Tieren und Richterpharma. Richtig angewendet, können diese Präparate ausgezeichnet wirken und haben sich in der phytotherapeutischen Praxis sehr bewährt.

HEILPFLANZEN GEGEN DARMPARASITEN

Knoblauch und Bärlauch in angepassten, geringen Dosen gegeben, fördern die Darmflora. Dosierung des Knoblauchs siehe S. 80. Dosierung Bärlauch: Im Frühling eine Woche lang 3 Blätter täglich als Frühjahrskur geben.

Wermut mit seinen starken Bitterstoffen wirkt sich sehr gut auf die Darmflora aus und schädigt vorhandene Parasiten. Ein halber Teelöffel Wermutkraut oder alternativ Beifußkraut, alle vier Wochen gegeben, reicht aus, um den Darm fit zu halten.

Geriebene Karotte ab und zu ins Futter gegeben, unterstützt die Darmflora.

Gemeiner Dost oder Wilder Majoran: Füttern Sie 1 bis 3 Teelöffel am Tag über 10 Tage.

Kürbiskerne dem Futter zugegeben, sollen Darmparasiten in Schach halten. Volksheilkundlich wurden sie häufig zusammen mit Rizinusöl gegen Spul- und Bandwürmer eingesetzt. Man vermutet, dass der Wirkstoff Curcubitin antiparasitisch wirken soll.

Thymian soll ebenfalls ein unangenehmes Milieu für Würmer im Darm schaffen. Es macht Sinn, Thymian in Kapseln zu geben, damit diese die ätherischen Öle erst im Darm freigeben.

Esparsette wird aktuell erforscht und scheint eine ausgezeichnete wurmwidrige Wirkung zu haben. Die Wirkstoffe dieser Pflanze zerstören die Haut der Parasiten und verletzen ihn somit so stark, dass seine Abwehr geschwächt wird und er vermehrt ausgeschieden wird. Esparsette gibt es als Pellets für Großtiere, die auch dem Hund gegeben werden können (ein halber Teelöffel pro 10 kg KGW Hund)

Kokosflocken enthalten Decansäure, einen parasitenabwehrenden Stoff, der auch innerhalb des Darms wirkt.

GIARDIEN

Völlig irrational und ganz offensichtlich falsch ist die heute forcierte Panik vor Giardien. Das sind einzellige Parasiten, die in der Tat im Darm einigen Schaden anrichten können. Das müssen sie aber nicht. Giardien hat es schon immer gegeben, aber erst seitdem sie labordiagnostisch erfasst und untersucht werden, sind sie zum Thema geworden. Die meisten Hunde infizieren sich, ganz ohne Schaden zu nehmen, und leben entweder ohne Probleme mit den Giardien, oder sie werden sie nach einer Weile von selbst wieder los.
Vieles von dem, was heute panikmachend über Giardien verbreitet wird, ist schlicht und einfach falsch. Bei einer Infektion bedarf es keiner extremen Hygienemaßnahmen. Wenn Sie einen Hund zuhause haben, der auf Giardien positiv getestet wurde, aber keinerlei Symptome zeigt, ist es nicht nötig, das ganze Haus mit dem Hochdruckreiniger zu putzen. Auch „scharfe" Desinfektionsmittel sind nicht nötig. Wenn Ihr Hund keinerlei Symptome zeigt, vermeiden Sie bitte eine synthetische Behandlung der Giardien!

BILDUNG VON RESISTENZEN

Giardien werden erst zu einem Problem, seitdem Antiparasitika in großen Mengen und ohne Sinn und Verstand angewendet werden, denn sie haben starke Resistenzen gebildet. Mittlerweile reagieren einige Giardien auf die gängigen Mittel nicht mehr und Hundebesitzer, Tierschutzvereine und Züchter sind versucht, immer stärkere Medikamente zu verwenden. Das ist eine Sackgasse, denn auch auf diese Mittel werden früher oder später Resistenzen folgen. Resistente Erreger, geschwächtes Immunsystem des Hundes und Hysterie führen dann erst recht zu ernst zu nehmenden Problemen.

FÜR DEN MENSCHEN GEFÄHRLICH?

Eine weitere Falschinformation ist, dass Giardien immer für Menschen gefährlich werden. Giardien sind hoch wirtsspezifisch, das bedeutet, am liebsten bleiben sie in einer Wirtsart. Der

Die Oregano-Buttermilch wirkt hervorragend gegen Giardien.

Mensch gehört nicht dazu. Die Wahrscheinlichkeit einer Ansteckung ist so extrem gering. Es braucht ein stark geschwächtes Immunsystem und eine sehr schlechte Hygiene (Kotaufnahme oral), um zu einer Ansteckung zu führen.
Hunde können täglich auf dem Spaziergang bei Kontakt zu Kot mit Giardien in Berührung kommen. Deshalb ist es wichtig, dass der Hund eine gute Immunität besitzt, einen starken und stabilen Darm mit guter Darmflora und einem gut intakten, darmassoziierten Immunsystem. Alle momentan propagierten Behandlungsschemata zerstören aber eben genau dieses.

WAS TUN, WENN DER HUND GIARDIEN HAT?

Wenn im Kot Ihres Hundes Giardien gefunden werden, ist es zunächst wichtig, ob er mit diesen Mitbewohnern klarkommt oder ob ihm diese schaden. Zeigt der Hund überhaupt Symptome? Durchfälle, Schleim im Kot, Blut im Kot? Wenn Ihr Hund durch die Giardien stark beeinträchtigt ist, dann kann es Sinn machen, mit Fenbendazol zu behandeln. Das ist ein klassisches Antiparasitikum, das Sie beim Tierarzt bekommen.
Nach der Behandlung mit Fenbendazol ist es allerdings wichtig, die Darmflora des Hundes

Auch mit Thymian lassen sich Einzeller wie Giardien und Kokzidien bekämpfen.

weiterzubehandeln. Zunächst mit pflanzlichen Antiparasitika, denn das Mittel tötet nie alle Parasiten ab und die pflanzliche Nachbehandlung ist essentiell. Danach sollte der Hund für einige Wochen verschiedene Probiotika erhalten, um die körpereigene Darmflora wieder richtig aufzubauen.

Viel wichtiger als das Töten der Parasiten ist der Aufbau einer eigenen Immunität. Das ist eine Tatsache, die leider noch lange nicht bei allen Therapeuten angekommen ist.

Hat Ihr Hund einen Giardienbefund, dabei aber keinerlei Symptome, dann lassen Sie bitte die synthetischen Medikamente weg. Die Behandlung der Giardien ist immer rein pflanzlich und diätetisch möglich. Auch wenn Ihr Hund nur leichte Symptome hat, reicht es aus, die Behandlung rein pflanzlich durchzuführen.

PHYTOTHERAPEUTISCHE BEHANDLUNG

1. Zunächst ist es wichtig, zu wissen, dass sich Giardien von aufgeschlossenen Kohlenhydraten im Darm des Hundes ernähren. Eine Ernährung über zwei Wochen komplett ohne Kohlenhydrate hungert die Giardien aus. Oft reicht allein das.
2. Oregano, Thymian, Berberitze, Dost, Propolis, Bartflechte und Langer Schwarzer Pfeffer sind erwiesenermaßen hochgradig kokzidiostatisch. Das bedeutet, sie bekämpfen die Einzeller wie Giardien und Kokzidien. Hier gibt es eine Vielzahl an Rezepturen, wie die bekannte Oregano-Buttermilch und viele sehr gute Präparate auf dem Markt, z. B. von der Firma Biogena, PerNaturam, Naturheilkunde-bei-Tieren und Richterpharma. Lassen Sie sich für Ihren Hund ein wirksames Präparat von einem Therapeuten empfehlen.
3. Nach der Ernährungsumstellung und der Bekämpfung der Parasiten mit pflanzlichen Wirkstoffen ist es sehr wichtig, über viele Wochen gut ausgewählte Probiotika zu füttern (siehe S. 111). Ausgezeichnet bewährt haben sich hier die Produkte von Inuvet, Dr. Wolz, NutraPet, Arktis Bio Pharma und SymbioPharm. Verwenden Sie nacheinander mindestens drei dieser Produkte. Nach dieser mehrere Wochen andauernden Therapie lassen Sie den Kot Ihres Hundes nochmals testen. In den meisten Fällen sind die Giardien dann eliminiert und die Immunität gegen diese Erreger deutlich erhöht.

Topinambur enthält viel Inulin, das die gesunden Bakterien im Darm stärkt.

DARMSANIERUNG

Die Darmsanierung ist ein Thema, das in der klassischen Schulmedizin kaum bis gar nicht bedacht wird. Leider leiden unsere Hunde heute oft an einer Dysbiose und haben einen kranken Darm.

Ursachen hierfür sind falsche Ernährung, unsachgemäßer Gebrauch von Antibiotika, zu viele Entwurmungen und manchmal auch Stress. Viele der heute oft vorkommenden Erkrankungen wie Arthrose, Hautprobleme, Adipositas und Darmerkrankungen sollten durch eine Darmsanierung therapeutisch begleitet werden. Eine Darmsanierung ist oftmals der einzige Weg, und die Symbioselenkung sollte immer von einem Therapeuten begleitet werden.

DYSBIOSE

Hunde, die zu Verstopfung neigen oder immer wieder Durchfall haben, können diese Verdauungsbeschwerden auch auf der Haut zeigen. Viele Hunde mit fettiger, schuppiger Haut und Problemen mit den Analbeuteln haben ein Problem mit ihrem Darm. Viele von ihnen leiden unter einer sogenannten Dysbiose. Das bedeutet, dass die gesunden Darmbakterien im Darm in der Minderheit sind und sich stattdessen ungesunde Darmbakterien ausgebreitet haben. Eine solche Dysbiose verlangt eine Darmsanierung. Oftmals ändert sich das Hautbild dann schnell.

DARMSANIERUNG IN DER PHYTOTHERAPIE

Eine geeignete Maßnahme ist die bei der Frühjahrskur beschriebene Frischpflanzenkur (siehe S. 40 ff.). Geben Sie Ihrem Hund am besten frische Kräuter mit ins Futter oder greifen Sie zu Frischpflanzenpresssäften. Wunderbar geeignet sind hier: Knoblauchsrauke, Fenchel, Ackerschachtelhalm, Schafgarbe, Beifuß, Löwenzahn und Kamille. Zukaufen müssen Sie hingegen Galgant oder Zistrose, beide eignen sich allerdings auch sehr gut zur Darmsanierung. Im Bioladen bekommen Sie Galgant in pulverisierter Form, geben Sie davon täglich eine Prise über das Hundefutter.

ABLAUF EINER DARMSANIERUNG

Fasten Sinnvoll kann ein 2-tägiges Fasten sein, meist haben Tierbesitzer hiermit große Probleme. Wenn Ihr Hund nicht unter einer Magenübersäuerung leidet, kann ihm das Fasten eine große Hilfe sein und er wird gewiss nicht verhungern.

Umstellung der Ernährung Am besten eignet sich selbst gekochtes oder zubereitetes Futter. Hierbei sollten so wenig Zutaten wie möglich verwendet werden. **Wählen Sie eine Fleischsorte und einen Kohlenhydratlieferanten.** Hierzu eignet sich ganz besonders zu Beginn der Darmsanierung Topinambur. Diese Knolle enthält sehr viel Inulin, das im Darm von den gesunden Darmbakterien verwendet wird und sie somit stärkt. Topinambur ist als Prebiotikum zu verstehen, was so viel bedeutet wie „Ernährung für die guten und gesunden Darmbakterien". Geben Sie der selbst gekochten Ration ein Multivitamin-Präparat hinzu. Achten Sie darauf, dass dieses keine zusätzlichen Stoffe enthält, die unnötig sind. Von mir gern verwendete Präparate stammen von der Firma Almapharm und von der Tierärztin Dr. Dillitzer. Fragen Sie Ihren Tierarzt danach. Zusätzlich geben Sie ein gesundes Öl hinzu. Besonders geeignet ist ein Lachsöl oder ein Lachs-Hanf-Öl.

Sinnvoll ist es, sich eine Ration von einem Spezialisten (Tierarzt oder Ernährungsberater) anfertigen zu lassen. Manche Hundebesitzer schrecken vor dem Selberkochen zurück. Es ist allerdings leichter als Sie denken. Gekocht wird einmal die Woche, dann werden die kleinen Tagesportionen tiefgefroren. Ein gutes, aber variierbares Schema ist Folgendes:

Knoblauchsrauke gehört zu den „ausputzenden" Heilpflanzen.

— ein bis zwei Tage fasten oder alternativ ein bis drei Tage Morosche Karottensuppe (siehe S. 93 f.)
— Selberkochdiät für 8 Wochen (eine Fleischart und ein Kohlenhydrat, siehe Eliminationsdiät S. 115)
— „ausputzende" Heilpflanzen wie Knoblauch, Knoblauchsrauke, Löwenzahn, Brennnessel, Schafgarbe
— „aufbauende Pflanzen", die Inulin enthalten wie Wegwarte, Löwenzahn, Topinambur
— Prebiotika, um die noch vorhandenen, gesunden Darmbakterien zu „füttern"
— Probiotika, um den Darm mit gesunden Bakterien zu füllen
— zusätzlich den Symptomen entsprechende Heilpflanzen, wie z. B. Gerbstoffdrogen bei Durchfällen, flavonoidhaltige Pflanzen bei Krämpfen, entzündungswidrige Pflanzen bei chronischer Darmentzündung und blähungswidrige Pflanzen bei Blähungen

PRE- UND PROBIOTIKA

Prebiotika sind Stoffe, die von den gesunden Darmbakterien genutzt werden und diese füttern und stärken. Probiotika sind gesunde Darmbakterien, die hinzugefügt werden. Hier gibt es bereits einige humanmedizinische Präparate auf dem Markt. Mehr Sinn machen beim Hund allerdings eigens für seine Spezies abgestimmte Präparate, z. B. Intestinum Liquid® von VetConcept oder SymbioPet® von Symbio-Pharm.

Die wunderschöne Zistrose unterstützt das Immunsystem.

PFLANZEN DER DARMSANIERUNG

Knoblauch bewirkt mit seinen Inhaltsstoffen eine milde, aber effektive Darmreinigung. Er wirkt antibakteriell und antiparasitisch.

Haronga-Rinde erhalten Sie als Präparat in der Apotheke. Sie eignet sich hervorragend für Hunde, die Probleme mit der Bauchspeicheldrüse haben. Sie ist in der Lage, die Salzsäurebildung im Magen anzuregen, gleichzeitig sorgt sie für eine verstärkte Aktivität der Bauchspeicheldrüse. Dadurch kommt es zur Säureneutralisation im Dünndarm. Besprechen Sie diese Therapie mit einem erfahrenen Phytotherapeuten. Die Erkrankung der Bauchspeicheldrüse muss durch einen Tierarzt diagnostiziert werden und eine schulmedizinische Behandlung ist oft nötig. Die Phytotherapie kann hier allerdings begleitend sehr gut eingesetzt werden.

Apfelessig eignet sich zur begleitenden Behandlung von Pilzen im Darm. Beginnen Sie mit der Gabe von einmal täglich einem kleinen Teelöffel ins Futter und steigern Sie bei großen Hunden ganz langsam bis zu einem Esslöffel.

Apfel und Karotte, fein gerieben (siehe Morosche Karottensuppe, S. 93 f.), liefern Nahrung für die gesunden Darmbakterien.

Myrrhe eliminiert schädliche Darmbakterien. Es gibt ein humanmedizinisches Präparat, das Myrrhe, Kamille und Kohle enthält. Diese sinnvolle Kombination eignet sich wunderbar gegen Durchfälle und zur Darmreinigung.

Leinsamen, als Schleimdroge angewendet, binden giftige Stoffe im Darm und transportieren sie schnell hinaus.

Zistrose reguliert die Darmflora und unterstützt das Immunsystem. Zistrosenpräparate bekommen Sie in der Apotheke.

Sanddornfruchtfleischöl sorgt für eine gründliche Regeneration der Darmschleimhaut.

Kapuzinerkresse und Meerrettich enthalten Senfölglykoside, die stark antibiotisch wirken. Es ist bekannt, dass sie im Dünndarm aufräumen und die gesunden Darmbakterien dabei nicht angreifen (siehe Antibiotika/Phytobiotika, S. 154 ff.).

Bitterstoffe sollten jede Darmsanierung begleiten. Sie fördern die Durchblutung der Darmschleimhaut und sorgen so für eine Verbesserung des Darmmilieus.

Bockshornkleesamen eignen sich ebenfalls hervorragend zur Behandlung von Darmentzündungen. Sie bekommen diese in Kapselform im Reformhaus.

TEEMISCHUNG – DARMSANIERUNG

- 20 g Schafgarbe
- 20 g Löwenzahn, Wurzel und Kraut
- 20 g Fenchelsamen
- 20 g Kamille
- 20 g Zistrose

1 Teelöffel Teemischung mörsern und mit einer Tasse heißem Wasser überbrühen. Stehen lassen bis zum Erkalten. Gesamte Mischung 2-mal täglich über das Futter geben.

ERNÄHRUNG DES HUNDES

Ein wichtiger Faktor beim Thema Verdauung, aber auch bei weiteren Problemen wie Allergien, ist selbstverständlich die Ernährung.

Neigt Ihr Hund zu Verdauungsproblemen wie Durchfällen, Verstopfungen oder Blähungen, dann sprechen Sie das bitte unbedingt bei Ihrem nächsten Tierarztbesuch an. Verlangen Sie besonders bei immer wiederkehrenden Problemen eine gründliche Diagnostik und werden Sie aufmerksam, wenn Ihr Hund über Wochen, Monate oder Jahre immer wieder mit Antibiotika oder Kortison behandelt wird. Denn es sollte klar sein, dass damit niemals das Problem behoben wird, sondern jedes Mal einzig die Symptome unterdrückt werden (siehe S. 147 ff.). Das mag zu Beginn beruhigen und entspannen, denn wenn der Hund in der Nacht 4-mal in den Garten muss und Sie weckt, dann sind Sie wahrscheinlich froh über jede Besserung der Symptome. Wenn Ihr Hund aber über einen langen Zeitraum immer wieder unter den gleichen Symptomen leidet, dann sollten Sie kritisch werden und Ihren Tierarzt darauf ansprechen.

Ziel sollte immer die Heilung sein und nicht das Überdecken der Symptome.

Eine gute Ernährung spiegelt sich in den Augen, dem Fell und der Haut des Hundes wider.

HEILUNG BRAUCHT ZEIT!

Entscheiden Sie sich für eine naturheilkundliche Therapie, dann sollten Sie wissen, dass Sie als Besitzer am Heilungsgeschehen maßgeblich beteiligt sind. Wenn Sie sich für Ihren Hund, gegen Antibiotika und Kortison, entscheiden, dann sind Sie zwar auf dem richtigen Weg. Dieser kann aber häufig unbequem und langwierig werden.

Denn Heilung braucht Zeit. Das Unterdrücken von Symptomen geht innerhalb weniger Stunden, es hält aber nicht lange an und richtet weiteren Schaden an. Eine ganzheitliche Heilung braucht Zeit und benötigt einigen Aufwand. So müssen Sie selber aktiv werden, Medikamente geben und bestenfalls selbst für Ihren Hund kochen.

UNVERTRÄGLICHKEIT UND ALLERGIEN

Die frische Zubereitung von Futter ist in den allermeisten Fällen der Schlüssel zum Erfolg. Viele Hunde leiden heute unter Nahrungsmittelunverträglichkeiten bis hin zu Allergien. Das heutige Fertigfutter verspricht zwar, alles zu enthalten, was ein gesunder Hund braucht, was ja so auch stimmen mag. Nur leider enthält es darüber hinaus noch viel mehr. Unsere Hunde leben heute von Fast Food. Das Fertigfutter enthält viele Inhaltsstoffe, die gar nicht nötig sind und oftmals zu Unverträglichkeiten führen. Einige dieser Unverträglichkeiten werden vom Hundebesitzer oder Tierarzt nicht als solche angesehen, Symptome nicht im Zusammenhang mit der Ernährung gesehen.

HAUT-TRIAS

Ein Beispiel dafür ist die „Haut-Trias" – Juckreiz an den Pfoten, zwischen den Zehen, immer wiederkehrende Ohrenprobleme und gefüllte oder entzündete Analbeutel. Diese Symptome können zusammen als „Trias" auftreten oder auch einzeln. Auch kann es vorkommen, dass ein Hund immer wieder nur ein Ohr entzündet hat.
Oftmals endet das dann darin, dass er über Jahre hinweg immer wieder rein symptomorientiert behandelt wird und regelmäßig Ohrentropfen vom Tierarzt bekommt. Diese Ohrentropfen sind in meinen Augen reine „Verlegenheitstherapie" – sie enthalten Kortison, Antibiotikum und ein Mittel gegen Pilz. Das bedeutet, es wird einfach alles in das Ohr gegeben, was irgendwie wirken könnte. Stellen Sie sich vor, Sie würden zu Ihrem Arzt gehen und ihm ein Problem schildern, und dieser gibt Ihnen dann einfach alles, was irgendwie wirken könnte. Dummerweise wirken diese Tropfen dann auch sehr gut und die Probleme verschwinden recht schnell. Doch liegt die Ursache des entzündeten Ohrs an ganz anderer Stelle, z. B. im Darm oder in einem gestörten Immunsystem, dann werden diese Probleme immer wieder auftauchen. Je häufiger Sie Antibiotika, Kortison und Pilzmittel ins Ohr Ihres Hundes geben, umso schneller entwickeln sich Resistenzen und das Ohrmilieu wird nachhaltig geschädigt.
So stecken Sie schnell in einem Teufelskreis, aus dem auszubrechen im Laufe der Zeit immer schwieriger wird. Seien Sie auch hier kritisch, wenn Symptome immer wieder auftreten und die Therapie nicht angepasst oder die tatsächliche Ursache nie gesucht wird. In den meisten Fällen lassen sich die Symptome allein durch eine Nahrungsumstellung behandeln und die Ursache beheben.
Denken Sie daran, auch wenn Ihr Hund „schon immer" dasselbe Futter frisst und gut vertragen hat, Allergien können jederzeit auftreten und Unverträglichkeiten haben sich meist unbemerkt eingeschlichen. Vielleicht zunächst mit kleinen Problemen, die Sie gar nicht in diesem Zusammenhang gesehen haben. Diese Nahrungsumstellung verläuft im Optimalfall zunächst als sogenannte Ausschlussdiät.

Hirse, Kartoffeln und Reis enthalten kein Gluten.

SCHWEIN FÜR DEN HUND?

Früher hörte man immer wieder, dass man Hunden kein Schweinefleisch geben solle. Das rührte daher, dass rohes Schweinefleisch einen Erreger enthalten kann, der beim Hund eine schlimme Krankheit hervorrufen kann. Das sogenannte Aujetzky-Virus wird allerdings beim Erhitzen von Schweinefleisch abgetötet und es besteht somit keinerlei Gefahr für Ihren Hund.

Ausschlussdiät: füttern Sie eine Kohlenhydratquelle und eine Fleischsorte.

DIE AUSSCHLUSSDIÄT

Während der Ausschlussdiät sollten Sie Ihrem Hund für mindestens 8 Wochen eine Tierart, das heißt Fleischart, und einen Kohlenhydratlieferanten kochen und füttern. Am besten wählen Sie hierbei Fleisch und Gemüse, das der Hund bisher noch nie hatte und das Sie gut und günstig beziehen können. Bewährt haben sich Schweinefleisch und Kartoffeln. Andere Möglichkeiten sind: Pferd, Strauß, Ente, Wild, Fisch und Reis, Quinoa, Dinkel, Topinambur und Mais.
Als Kohlenhydratquelle verwenden Sie bitte kein Getreide, das das Klebereiweiß Gluten enthält (siehe Tabelle). Einzig die **Ausschlussdiät** gibt Ihnen Auskunft über die Unverträglichkeiten. Ein Allergietest mittels Blutuntersuchung macht nur Sinn bei Allergien wie z. B. Pollen, Milben, Flohspeichel. Futtermittelallergien lassen sich nicht verlässlich im Blut auswerten.

ZUBEREITUNG

Kochen Sie das Futter ein- oder zweimal in der Woche und gefrieren Sie es in Tagesportionen ein. Geben Sie nach dem Auftauen ein hochwertiges Öl hinzu und nach ca. 5 Wochen sollten Sie auch ein Vitamin- und Mineralpulver hinzugeben. In der Zeit der Ausschlussdiät darf Ihr Hund nur die zwei Komponenten zu sich nehmen. Auch die Leckerchen müssen genau diese Zutaten enthalten. Jeder Ausbruch, jedes noch so kleine Leckerchen kann alles zunichtemachen, denn es braucht sehr lange, bis die allergische Reaktion aus dem Körper verschwindet.
Nach 8 Wochen, wenn es Ihrem Hund gut geht und er keine Symptome mehr hat, können Sie beginnen, EINE neue Zutat hinzuzufüttern. Bleiben Sie eine Woche dabei, sollte Ihr Hund diese Zutat nicht vertragen, wird er recht schnell mit Symptomen wie Juckreiz, Rötung oder Verdauungsproblemen reagieren. Verträgt Ihr Hund diese neue Zutat ebenfalls, dann können Sie nach zwei „Testwochen" eine weitere Zutat hinzugeben. So können Sie im Ausschlussverfahren selber suchen und erkennen, welche Futtersorten Ihr Hund verträgt und welche nicht. Eine korrekt ausgeführte Ausschlussdiät ist meiner Erfahrung nach der beste Weg um herauszufinden, was der Hund wirklich verträgt.

☞ GETREIDE MIT UND OHNE GLUTEN

ENTHÄLT GLUTEN	OHNE GLUTEN
Weizen	Hirse
Dinkel	Mais
Kamut	Reis
Emmer	Quinoa
Einkorn	Amarant
Hartweizen (Nudeln)	Buchweizen
Roggen	Kartoffeln
Hafer	
Gerste	

Wenn es richtig gemacht wird, ist Barfen eine wundervolle Ernährungsform.

SPEZIELLE FERTIGFUTTER

Sollte Ihnen das Selberkochen dann Probleme bereiten, kann Ihnen Ihr Tierarzt helfen, ein Fertigfutter zu finden, das genau die Komponenten enthält, die Ihr Hund verträgt.

Zum Glück gibt es heute einige Hersteller, die sich genau darauf eingestellt haben und sogenannte Monoproteinfutter (die nur eine Fleischart enthalten) auf den Markt bringen. Meist sind es kleine, unabhängige Firmen, die nicht einem der großen Konzerne angehören. Glauben Sie nicht der schillernden, bunten Werbung, sondern schauen Sie genau hin. Manche Futtermittelhersteller, die sogenannte Allergiefutter herstellen, gehen sogar so weit, Hühnerfedern zu verwerten. Ein großangelegtes Marketingsystem schafft es, ein solches „Futter" auf dem Markt mit großem Erfolg zu verkaufen. Dem Hundebesitzer wird weisgemacht, dieses Futter eigne sich hervorragend für den allergischen Hund. Doch die Eiweißquelle besteht aus Abfallprodukten wie z. B. Hühnerfedern. Man muss nicht viel von Hundeernährung verstehen, um hier einen großen Skandal zu erkennen. Es gibt heute einige kleine Firmen, die gutes Futter herstellen, oft auch in Bioqualität. Sehen Sie sich danach um und lassen Sie sich von einem unabhängigen Futterberater beraten. Leider sind die meisten Tierärzte unkritisch und verkaufen das Futter, das für sie selber lukrativ ist.

AM BESTEN SELBST GEKOCHT

Besonders Darmpatienten profitieren von einer selber gekochten Diät ungemein. Sie wissen genau, welche Zutaten das Futter enthält, und der Darm Ihres Hundes muss sich nicht mit Abfällen, Chemikalien und anderen unschönen Stoffen quälen. Wenn Sie sich einmal an das wöchentliche Kochen gewöhnt haben, werden Sie merken, dass es nicht viel Zeit in Anspruch nimmt.

Doch das entsprechende Wissen muss vorhanden sein!

ROHFÜTTERUNG

Das sogenannte Barfen (BARF = Biologisch artgerechte rohe Fütterung) ist heute sehr modern. Es ist, richtig gemacht, eine wundervolle Ernährungsform. Leider machen die meisten Hundebesitzer es allerdings vollkommen falsch. Auch die, die sich als absolute Barf-Profis ansehen, übersehen oft einige wichtige Fakten. Immer wieder sehe ich in meiner Praxis Hunde, die nach jahrelangem Barfen zusammenbrechen. Das liegt sicher nicht an der Art der Fütterung selbst, sondern daran, dass heute falsch gebarft wird. Denn der ursprüngliche Gedanke des Barfens ist längst nicht mehr durchführbar. Auch der barfende Hundebesitzer wird gemütlich.

„FERTIG"-BARF

Heute wird das Fleisch tiefgefroren im Internet bestellt. Alles wird schon fertig zusammengestellt geliefert. Fleisch, dessen Herkunft nicht nachvollziehbar ist, dessen Qualität nicht überprüfbar ist, Gemüse und andere Kohlenhydratlieferanten, absolut unverdaulich für den Hund in roher Form, und Mineralstoffe und Vitamine müssen supplementiert werden. Das hat heute alles nichts mehr mit dem Ursprung des Barfens zu tun. Es ist eine kompliziertere und scheinbar natürlichere Ernährung des Hundes, die sich aber oft im Wesentlichen gar nicht mehr von Fertignahrung unterscheidet.
Interessieren Sie sich wirklich für das Barfen, dann empfehle ich Ihnen Juilette de Bairacly Levy (Das Kräuterhandbuch für Hund und Katze). Hier erfahren Sie mehr über die Anfänge des Barfens und den Gedanken, der dahinter steht. Meiner Meinung nach sollte, wenn schon gebarft, dies auch richtig getan werden, und das ist nicht unkompliziert. Man sollte sich tatsächlich mit dem Thema auseinandersetzen und sich nicht mit dem einfachen Weg der heutigen „Fertigfutter-Barferei" zufriedengeben.

RICHTIG BARFEN

Um richtig zu barfen, muss sich der Hundehalter intensiv mit der Herkunft und der Zubereitung des Futters beschäftigen, außerdem ein gewisses Wissen über die Verdauungsphysiologie seines Hundes haben. Die meisten Menschen kümmern sich heute nicht einmal um ihre eigene Nahrung. Sie wissen nicht, wie die Produktionswege der Nahrung aussehen, die sie zu sich nehmen. Kennen nicht die Erzeuger ihrer Nahrung. Kümmern sich nicht um ihre eigenen Bedürfnisse, geschweige denn um die Bedürfnisse der Natur, unserer Lebensgrundlage. Wir kaufen unser Fleisch im Supermarkt, essen Tiere, die ein qualvolles Leben und einen grausamen Tod leiden mussten. Wir unterstützen mit unserem Konsumverhalten ein lebensfeindliches Konzept. Ich halte es für scheinheilig, wenn wir nun anfangen, in einer „Möchtegern-Naturnähe" unsere Hunde zu füttern, und dabei dieselben Fehler machen, wie sie in der Fertigfutterindustrie gemacht werden. Heute ist das Barfen oft nichts anderes als Fast-Food-Rohfütterung!

Füttern Sie Ihren Hund abwechslungsreich.

Außerdem sind Hunde schon so lange domestiziert und ihr Verdauungstrakt unterscheidet sich stark von dem des Wolfes. Hunde waren und sind „Müllfresser" – sie brauchen Nahrung, die bereits aufgeschlossen ist.
Hundebesitzer, die barfen wollen, motiviere ich dazu, es achtsam und gründlich zu tun und zumindest die pflanzlichen Komponenten für den Hund leicht verdaubar zu machen. Wird Fleisch tatsächlich roh gefüttert, dann sollte die Herkunft des Fleisches dem Hundebesitzer bekannt sein und er sollte sich über die Qualität und Parasitenkontrolle des Fleisches informieren können. Das Fleisch sollte frisch gekauft werden und nicht tiefgefroren, es sollte allerdings nicht komplett frisch gefüttert werden, sondern eher leicht abgehangen (lesen Sie hierzu Juliette de Bairacly).

IST EINE REINE FLEISCHFÜTTERUNG SINNVOLL?

Eine weitere Entwicklung sehe ich mit großem Schrecken. Es scheint heute modern zu sein, die „Sofa-Wölfe" nur noch mit Fleisch zu füttern. Einige „Spezialisten" empfehlen das völlige Weglassen von Getreide oder anderen Kohlenhydratquellen wie Kartoffel oder Gemüse.
Zum einen sollten wir uns darüber im Klaren sein, dass Hunde eben keine Wölfe mehr sind, und wenn man den Weg ihrer Domestikation betrachtet, dann hat der über die Aufnahme von Exkrementen und Abfällen des Menschen stattgefunden. Beobachtungen von naturnah lebenden Völkern und ihren Hunden, z. B. im Nationalpark im Südwesten Indiens, der seit mindestens zwölftausend Jahren unberührt ist, oder von dem Zusammenleben von Mensch und Hund im Regenwald in Nicaragua, zeigen deutlich, dass der Hund nicht mehr primär vom Erlegen kleiner Beutetiere lebt.
Die Domestikation lief nicht über das reine Fleischfressen, denn damit wäre der Wolf oder domestizierte Nachfolger (Hund) ein Nahrungskonkurrent für den Menschen geworden. Hunde sind, ähnlich wie Schweine, heute extrem anpassungsfähig.

Der Hund hat sich angepasst. Sein Verdauungssystem kann viele unterschiedliche Nahrungsformen annehmen und sich daran gewöhnen. Wenn in Afrika oder in Indien die Hunde der in der Steppe lebenden Menschen von Abfällen leben, dann haben sich deren Systeme daran angepasst. Interessant wäre, wie viele dieser Hunde unter Allergien und Autoimmunerkrankungen leiden? Ein weiterer Aspekt, der bei der Reinfleisch-Fütterung zu betrachten wäre, ist der der Ökologie und des Welthungers. Es kann nicht sein, dass es Menschen gibt, die an Hunger sterben und wir unseren Hunden hier Massen an reinem Filet verfüttern. Wir füttern dabei hauptsächlich das Fleisch von Tieren, die aus der Massentierhaltung stammen. Es müssen unfassbar viele Tiere Leid, Qual und Schmerz ertragen, um dann getötet und von unserem Haushund gefressen zu werden. Da stimmt etwas nicht. Da wird Tierliebe absurd. Es verhungern Kinder in Ländern, deren Wälder wir abholzen, um dort Soja zu pflanzen, das unsere Nutztiere fressen, die dann wieder von unseren Hunden gefressen werden. Das mag ein befremdlicher Aspekt sein. Ich bitte dennoch jeden Hundehalter, der der Meinung ist, sein Hund solle nur reines Fleisch fressen, einmal darüber nachzudenken.

ABWECHSLUNG IM FUTTERNAPF

Beim Selberkochen und bei der Rohfütterung benötigen Sie etwas Hilfe. Wenden Sie sich an einen Ernährungsberater oder einen Tierarzt, der sich damit auskennt. Der Bedarf ist bei einem Chihuahua anders als bei einem Bernhardiner und das bezieht sich nicht nur auf die Menge. Nährstoffe und Energie müssen dem einzelnen Hund angepasst werden. Einige Mineralstoffe und Vitamine ergänzt man heutzutage besser durch Zusatzpräparate. Aber Vorsicht, hier gibt es eine große Auswahl und nicht jedes Produkt auf dem Markt eignet sich.
Möchten Sie aus zeitlichen oder anderen Gründen nicht selbst kochen oder das Futter selbst zubereiten, dann halten Sie sich bei der Auswahl des Futters an biologische und naturnahe Fertigfutter. Außerdem sollten Sie auch dann den Speiseplan Ihres Hundes immer wieder erweitern und verschiedene Dinge ab und zu frisch füttern. Vor allem füttern Sie nicht sein ganzes Leben lang ein Futter, sondern versuchen Sie, durch Abwechslung den Darm Ihres Hundes zu trainieren. Geben Sie Ihrem Hund schon in jungen Jahren ab und zu Heilpflanzen ins Futter. Machen Sie mit ihm eine Frühjahrskur und bereichern Sie sein Futter mit Bitterstoffen aus Heilpflanzen. Dies gilt vor allem für gesunde Hunde und Welpen. Alte und kranke, z. B. allergische Hunde, benötigen selbstverständlich einen speziellen Futterplan.

INDIVIDUELLE THERAPIE

Wie bereits erwähnt, steht zu Beginn jeder Therapie die sehr gründliche Diagnostik. Nachdem diese abgeschlossen ist, ist es wichtig, die Therapie dem einzelnen Hund und auch seinem Menschen anzupassen.
Es macht keinen Sinn, selbst zubereitetes Futter zu verlangen, wenn der Hundebesitzer dies nicht möchte oder kann. Die Symptome und Probleme eines jeden Hundes sind anders, darauf muss größte Aufmerksamkeit gelegt werden. Sprechen Sie alles genau mit Ihrem Tierarzt durch und lassen Sie sich bei der Auswahl der Therapeutika unterstützen und beraten. Es gibt keine Standardtherapie, kein Schema X – dies ist die große Kunst der Phytotherapie, ja eigentlich der gesamten ganzheitlichen Medizin. Die Therapie sollte immer individuell sein.
Die Nahrungsumstellung ist häufig mit einem größeren Aufwand verbunden und eine phytotherapeutische Behandlung braucht Zeit. Sie als Hundebesitzer sind hier gefordert, und bei der Behandlung chronischer Darmerkrankungen oder auch Hauterkrankungen brauchen Sie Geduld. Sie werden allerdings langfristig erkennen, dass es der richtige Weg ist, um Ihrem Hund zu helfen.

Die Mariendistel ist die wichtigste Heilpflanze für die Leber.

UNTERSTÜTZUNG DER LEBER

Die Leber ist das wichtigste Organ des gesamten Stoffwechsels, sie produziert lebenswichtige Eiweiße und verdaut die Nahrung, sie speichert Vitamine und Zucker und sie entgiftet den Organismus.

In der Leber werden zugeführte Stoffe verstoffwechselt und entgiftet. Somit baut sie im Körper ungewollte oder schädliche Stoffe ab. Jede „Reinigung“ des Körpers geht immer mit einer aktiven und gesunden Leber einher. Darum wird sie auch bei Entgiftungskuren und bei Entschlackungen gezielt angeregt. Ist die Leber krank oder weniger aktiv, merkt man dies bei Hunden an schlechter Haut, schlechter Verdauung und nächtlicher Unruhe. Dazu muss sie noch nicht einmal so erkrankt sein, dass es schulmedizinisch diagnostisch erfasst werden kann. Es müssen noch keine Veränderungen im Blutbild auftreten, oft reicht zur Diagnostik das eingehende Gespräch mit dem Hundebesitzer. Ist der Hund oft müde, schläft er in der Nacht schlecht, hat er fettiges oder schuppiges Fell, ist seine Verdauung in Ordnung?

Ist die Leber krank, betrifft dies den ganzen Körper. Darum sollte die Leber immer untersucht werden, wenn eines der hier genannten Symptome auftritt. Viele pflanzliche Wirkstoffe unterstützen den Leberstoffwechsel, einige sind sogar in der Lage, geschädigte Leberzellen zu reparieren.

THERAPEUTISCHE BEGLEITTHERAPIE

Ist Ihr Hund an der Leber erkrankt, benötigt er dringend tierärztliche Hilfe. Ihr Tierarzt wird feststellen, was der Leber fehlt, und diese Erkrankung entsprechend behandeln. Sprechen Sie ihn bezüglich einer phytotherapeutischen Begleittherapie an. Der tiermedizinische Markt bietet

Möglichkeiten und Präparate, die mittels pflanzlicher Wirkstoffe den Leberstoffwechsel unterstützen. So hat z. B. fast jede Firma mittlerweile ein Mariendistelpräparat auf dem Markt. Dies nicht zu Unrecht, denn die Mariendistel ist das wichtigste Lebertherapeutikum, das wir kennen. In der Humanmedizin werden Menschen, die an einer Knollenblätterpilzvergiftung oder an einer Leberzirrhose leiden, mit Auszügen der Mariendistel behandelt. Betroffene Menschen erhalten eine Infusion mit Mariendistelauszügen. Die Wirkstoffe (Silymarin) der Mariendistel sind das einzige Gegenmittel gegen diese Vergiftung, denn sie sind in der Lage, die Leberzellen zu schützen und ihre Regeneration anzuregen.

NAHRUNGSUMSTELLUNG

Zusätzlich zu einer Lebertherapie muss unbedingt eine Nahrungsumstellung stattfinden. Beim Tierarzt erhalten Sie hierfür spezielles Diätfutter oder er berät Sie bezüglich einer Selberkochdiät. Wenn Sie nicht gern eines der kommerziellen Fertigfutter füttern möchten, kann Ihnen ein Ernährungsberater eine spezielle Diät für Ihren Hund berechnen. Es ist nicht unbedingt nötig, auf ein Fertigfutter zurückzugreifen. Ihr Tierarzt kann Sie umfassend beraten und Ihrem Hund die entsprechende Lebertherapie verordnen.

MARIENDISTEL – S. 134

Mariendistelfruchtpräparate werden immer dann gegeben, wenn die Leber Hilfe braucht. Sei es, dass sie schon erkrankt ist oder einfach nur vermehrte Arbeit verrichten muss. In der Humanmedizin werden diese Stoffe intravenös bei Vergiftung verabreicht, um die Leber zu schützen und zu heilen.
Bei manch einer schweren Krankheit der Leber, wie z. B. einer Intoxikation oder einer Leberzirrhose, kann es durchaus Sinn machen, auch beim Hund zu den gängigen humanmedizinischen Mariendistelpräparaten zu greifen. Auch die klassische Silymarin-Infusion (SIL-Legalon) kann lebensrettend sein. In der phytotherapeutischen Praxis hat sich diese Behandlung sehr bewährt. Sprechen Sie Ihren Tierarzt unbedingt darauf an.

ENTGIFTUNGS-KRÄUTER

HEILPFLANZE	WIRKUNG/ ANWENDUNG
Löwenzahn	regt Leberstoffwechsel an und sorgt für gute Nierendurchspülung
Goldrute	die beste Nierenheilpflanze, durchspült, heilt und regeneriert die Niere
Mariendistel	die beste Leberheilpflanze, regeneriert und heilt Leberzellen
Brennnessel	reinigt das Blut, spült die Nieren und aktiviert den Stoffwechsel
Schafgarbe	gallefördernd, entgiftet über die Leber
Birkenblätter	harnflussfördernd, entgiften über die Nieren
Vogelmiere	stoffwechselanregend

Vogelmiere, zu erkennen am einseitig behaarten Stängel.

MARIENDISTELPRÄPARATE

— Tiermedizinisch sehr bewährt haben sich die Tabletten der Firma PlantaVet: PlantaHepar®. Pro 5 kg Hund eine Tablette am Abend geben.
— Rezeptfrei aus der Apotheke bekommen Sie:
Legalon®-Tabletten
Silicur®-Tabletten
Ceres®-Tinkturen:
Ceres Taraxacum comp® (Löwenzahn, Mariendistel, Schöllkraut)
Ceres Carduus marianus® (Mariendistel)
Ceres Cynara Scolymus® (Artischocke)

Die Auswahl an Mariendistelpräparaten ist sehr groß, besprechen Sie die Therapie mit Ihrem Therapeuten. Auch hier gilt, wählen Sie ein standardisiertes und geprüftes Präparat. Lassen Sie sich von Ihrem Phytotherapeuten beraten. Es gibt unzählige Präparate auf dem Markt und nicht alle sind wirksam oder sinnvoll. Lassen Sie eine Lebererkrankung Ihres Hundes immer phytotherapeutisch begleitend behandeln.

SCHAFGARBE – S. 136

Bei leberbedingten Verdauungsproblemen kann dem Hund Schafgarbe als Tee oder Frischpflanzenpresssaft angeboten werden.

TEEMISCHUNGEN FÜR DIE LEBER

— 25 g Schafgarbenkraut
— 25 g Minze
— 25 g Fenchelfrüchte
— 25 g Löwenzahnkraut und Wurzel

— 25 g Artischockenblätter
— 25 g Löwenzahnkraut
— 25 g Schafgarbenkraut
— 25 g Wegwartenkraut

Von diesen Teemischungen 2-mal täglich eine halbe bis eine Tasse ins Futter geben.

ARTISCHOCKE

Sie zählt ebenso wie die Mariendistel zu den Leberschutzpflanzen.

LÖWENZAHN – S. 47

Lebererkrankungen des Hundes können Sie mit Löwenzahn sehr gut begleitend behandeln. Im Frühling mit einer Frischpflanzenkur, sonst mit Presssäften, Tees und Tinkturen.

ECHTES JOHANNISKRAUT – S. 128

Eigentlich kennt man Johanniskraut als Antidepressivum oder Wundheilpflanze, allerdings hat sich in den letzten Jahrzehnten eine Wirkung herauskristallisiert, die zunächst als Nebenwirkung dargestellt wurde, die in Wirklichkeit aber eine ganz besondere Heilwirkung ist. Es geht dabei um die besondere Wirkung der Hilfe zur Entgiftung. Johanniskraut aktiviert in der Leber einen Enzymkomplex, der für den schnellen Abtransport von Giften zuständig ist. Das erklärt, warum unter der Einnahme von Johanniskraut einige Medikamente weniger wirken. Sie werden einfach sehr schnell abgebaut und abtransportiert. Diese wunderbare Wirkung des Johanniskrauts kann man sich zu Nutze machen, wenn Giftstoffe die Leber belasten und schnellstmöglich abtransportiert werden sollen. So sollte jede Vergiftung und Belastung der Leber mit Johanniskraut behandelt werden.

ENTGIFTUNG DER LEBER

Es kann sinnvoll sein, die Leberfunktion anzuregen und die Entgiftungsvorgänge anzukurbeln. Dies kann der Fall sein bei einer Entschlackungskur im Frühjahr, bei Hauterkrankungen, Verdauungsproblemen, angeschlagenem Immunsystem, häufigem Parasitenbefall und bei Allergien. Hierzu ist es sinnvoll, kurzzeitig eine Diät durchzuführen, die die Leber entlastet. Spezielle Heilpflanzen, die den gesamten Stoffwechsel und die Ausscheidung anregen, sind jetzt genau das Richtige.

WIE DOSIERE ICH EIN PHYTOTHERAPEUTIKUM?

Was die Dosierung angeht, stehen Veterinärphytotherapeuten heute oft vor einem Rätsel. Die Literatur hierzu ist spärlich und Erfahrungswerte früherer Zeiten sind verlorengegangen. Einige Phytotherapeuten bedienen sich einer mathematischen Formel, um die Humandosierung auf das Tier umzurechnen.
Hier rechnet man mit dem sogenannten metabolischen Körpergewicht des Tieres:
Metabolisches Körpergewicht x Humandosis (mg/kg) x 2,84 = Dosis mg/Tier
Das metabolische Körpergewicht Ihres Hundes können Sie anhand der Tabelle ersehen oder selbst berechnen. Dabei wird das Körpergewicht (KGW) des Hundes hoch 0,75 gerechnet.
Die 2,84 ist ein Umrechnungsfaktor, der immer gleich bleibt. Er errechnet sich aus dem Gewicht eines 65 kg schweren Menschen geteilt durch sein metabolisches Gewicht.
Achtung Die Humandosis wird als Milligramm pro Kilogramm Körpergewicht berechnet. Eventuell müssen Sie diese erst berechnen.

Beispiel – Weißdorn für einen Hund mit 20 kg
Als Dosis für den Menschen ist 900 mg täglich angegeben. Um Milligramm pro Kilogramm Körpergewicht zu erhalten, müssen diese 900 mg durch 65 (Norm-Mensch = 65 kg) geteilt werden. 900/65 = 13,84 mg/kg Körpergewicht.
Ein Hund mit 20 kg Körpergewicht hat ein metabolisches Körpergewicht von 9,5 (aus der Tabelle zu ersehen, oder berechnen: Körpergewicht hoch 0,75), also: 9,5 x 13,84 x 2,84 = 373,40 mg/Tier/Tag

☞ METABOLISCHES KÖRPERGEWICHT

KÖRPERGEWICHT (kg)	METABOLISCHES KÖRPERGEWICHT (kg)	KÖRPEROBERFLÄCHE (m^2)
0,5	0,59	0,06
1	1	0,1
2	1,7	0,16
5	3,3	0,29
10	5,6	0,46
15	7,6	0,61
20	9,5	0,74
30	12,8	0,97
40	15,9	1,17
50	18,8	1,36

SOMMER
— *Pflanzenporträts*

ACKERSCHACHTELHALM

— Equisetum arvense
(Schachtelhalmgewächse

Pflanzenkraft Um den richtigen Ackerschachtelhalm zu erkennen, müssen Sie schon ganz genau hinsehen und Erfahrung haben. Er sollte an trockenen Standorten gesammelt werden und nur dann, wenn er keine dunklen Flecken hat. Der Schachtelhalm kann einen Pilz tragen, der in größeren Mengen eingenommen giftig ist.
Er ist eine sehr gesunde Heilpflanze und hat vor allem zwei Wirkungsweisen, die wir uns zu Nutze machen können. Er enthält harntreibende und durchspülende Flavonoide und kräftigende und bindegewebestärkende Kieselsäure.
Anwendung Um eine Nieren- oder Blasenkur mit dem harntreibenden Ackerschachtelhalm durchzuführen, muss er als Tee angewendet werden. In 10 Minuten Ziehzeit lösen sich vor allem die wirkungsvollen Flavonoide. Soll er zur Stärkung des Bindegewebes verwendet werden, muss er als Dekokt zubereitet werden. Mindestens 30 Minuten wird die Pflanze dann ausgekocht. So lösen sich vor allem die Kieselsäuren.

ACKERSTIEFMÜTTERCHEN

— Viola arvensis
(Veilchengewächse)

Pflanzenkraft Um diese kleine Schönheit zu erkennen, muss man an den Feldrändern schon ganz genau hinsehen. Auf nicht zu stark mit Pestiziden behandelten Äckern findet man dieses kleine Stiefmütterchen zwischen den Ackerpflanzen. Probieren Sie einmal eines dieser kleinen Schätze, Sie werden erstaunt sein. Der Geschmack ist derselbe wie der des Mädesüß.
Das Ackerstiefmütterchen ist eine der wichtigsten Heilpflanzen für die Haut. Es wirkt von innen reinigend und hautregulierend. Zudem hat es kortisonähnliche Wirkung und wirkt juckreizlindernd.
Anwendung Da das Sammeln des kleinen Blümchens sehr mühselig ist, wird die Pflanze nur bei Bedarf und mit Bedacht angewendet. Aus ihr lässt sich sehr gut eine Tinktur herstellen, die innerlich und äußerlich bei allen entzündlichen und allergischen Hautreaktionen angewendet wird. Auch der Tee kann innerlich und äußerlich bei Hautekzemen von sehr großem Nutzen sein.

BALDRIAN

— *Valeriana officinalis (Geißblattgewächse)*

Pflanzenkraft Baldrian wächst überall dort, wo es ein wenig schattig und feucht ist. Seine Blüten duften in der Sonne wunderbar süß, bei Regen allerdings etwas streng nach „Käsefuß". Die beruhigende Kraft des Baldrians ist weitgehend bekannt. Weniger bekannt ist allerdings, dass ein Sud aus seinen Blüten in alten Zeiten äußerlich bei Augenkrankheiten angewendet wurde.
Anwendung Die Wurzeln des Baldrians werden ausgegraben und entweder frisch oder getrocknet angewendet. Sie werden immer im Kaltauszug angesetzt. Eine kleine Menge (1 TL) Baldrianwurzel auf ein halbes Glas kaltes Wasser, dies mindestens 8 Stunden ziehen lassen und kurz vor der Gabe kurz anwärmen. Geben Sie diesen Kaltauszug Ihrem unruhigen Hund abends vor dem Schlafengehen ins Futter. Auch das Waschen entzündeter Augen mit Baldrianblüten-Tee hat sich beim Hund als sehr gut erwiesen.

BEIFUSS

— *Artemisia vulgaris (Korbblütler)*

Pflanzenkraft Unser einheimischer Beifuß ist eine ausgezeichnete Heilpflanze für Hunde. Immer dann, wenn die Verdauung nicht so richtig funktioniert und der Hund wenig Appetit hat, sollte man an den Beifuß denken. Regelmäßig unter das Futter gemischt, hält er zudem den Darm gesund und wurmfrei. Sammeln Sie die frischen Blätter und das ganze blühende Kraut und trocknen Sie es.
Anwendung Beifuß am besten getrocknet und pulverisiert ins Futter geben. Kleine Mengen reichen völlig aus. Ein halber Teelöffel reicht für einen großen Hund. Geben Sie davon alle 3 Monate für 5 Tage etwas ins Futter. Damit halten Sie Darmparasiten fern.

BEINWELL

— Symphytum (Raublattgewächse)

Pflanzenkraft Der Beinwell hat starke Heilwirkung auf Knochen, Bänder und Sehnen. Seine Wirkstoffe, allen voran das Allantoin, bewirken eine sehr schnelle Heilung und aktivieren die Zellen zur Regeneration und Neubildung. Von Alters her wird er bei Knochenbrüchen, Prellungen und Stauchungen verwendet, und noch heute sind pflanzliche Schmerzsalben aus der Apotheke mit Beinwellextrakt erhältlich.
Anwendung Beinwellwurzel kann bei akuten Verletzungen frisch als Breiumschlag verwendet oder als Vorrat zur Salbe verarbeitet werden (siehe S. 90). Auch die in der Apotheke erhältlichen Beinwellsalben sind sehr gut geeignet.

BLUTWURZ

— Potentilla erecta (Rosengewächse)

Pflanzenkraft Die Blutwurz ist eine sehr gerbstoffreiche Pflanze. Ihre Wurzeln verfärben sich beim Anschneiden blutrot, was ihr den Namen gab. Die Wurzeln werden auch als Gerbstoffdroge angewendet. Sie wirken stark zusammenziehend, blutstillend, keimhemmend und schmerzstillend.
Anwendung Äußerlich kann man die Blutwurz in Form von Tee, Pulver oder verdünnter Tinktur anwenden. Blutwurztinktur gehört in jede Hausapotheke. Sie ist das Erste-Hilfe-Mittel bei blutenden Wunden, Schnitt- oder Schürfwunden und kann auch im Maulschleimhautbereich eingesetzt werden. Sie kann unverdünnt bei Blutungen oder verdünnt bei kleineren Wunden angewendet werden.
Getrocknete Blutwurzwurzeln wirken stark stopfend und helfen als Tee oder Pulver gegen Durchfall.

BROMBEERE

— *Rubus sectio Rubus*
(Rosengewächse)

Pflanzenkraft Von der Brombeere können Sie für Ihren Hund die Blätter sammeln und bei Durchfällen verbreichen, sowie die Beeren zur Gesunderhaltung füttern. Brombeerblätter enthalten sehr viele gut verträgliche Gerbstoffe und die Beeren enthalten die antibiotisch wirksamen Anthocyane.
Anwendung Füttern Sie bei Durchfall getrocknete und pulverisierte Brombeerblätter oder bereiten Sie einen Tee aus getrockneten oder frischen Blättern zu. Die Beeren können Sie frisch ins Futter geben, immer dann, wenn Ihr Hund zum Beispiel im Herbst zu Infektionen der Blase neigt.

DOST

— *Origanum*
(Lippenblütler)

Pflanzenkraft Der Dost gehört zu den ganz wichtigen Heilpflanzen für Hunde. Er blüht im Sommer auf artenreichen Wiesen und ist ein Schmetterlingsmagnet. Er ist auch als Pizzawürze geeignet und kann mit seinen ausgewogenen ätherischen Ölen die Verdauung regulieren. Er wirkt stark antiparasitär und ist beim Hund vor allem durch seine Wirkung gegen Giardien bekannt geworden.
Anwendung Geben Sie Dost im Sommer immer einmal wieder frisch ins Hundefutter – er hält Darmparasiten fern. Frisch oder getrocknet wird er auch in der sehr wirkungsvollen Dost-Buttermilch verwendet. Eine Giardieninfektion bekommen Sie hiermit und mit entsprechender Diät sehr gut in den Griff.

ECHTE GOLDRUTE

— Solidago virgaurea (Korbblütler)

Pflanzenkraft Im Hochsommer finden wir überall die großen Goldruten (Kanadische und Riesengoldrute) an Wegrändern und am Waldrand. Diese können Sie sammeln und das am besten, wenn sie gerade blüht. Seltener findet man in deutschen Wäldern die einheimische Echte Goldrute. Findet man sie doch einmal, sind es leider meist nur einzelne Exemplare. Doch alle drei Goldrutenarten sind wunderbare Nierenheiler und können beim Hund angewendet werden.
Anwendung Goldrute wird am besten als Tinktur verarbeitet oder sehr schnell nach der Ernte klein geschnitten und getrocknet. Goldrutentee ist das Mittel der Wahl bei allen Nierenerkrankungen. In der Apotheke erhalten Sie Goldrutentabletten, die ebenfalls ausgezeichnete Wirkung bei Nierenerkrankungen haben. Am besten kombiniert man diese Tabletten mit dem Tee der Goldruten.

ECHTES JOHANNISKRAUT

— Hypericum perforatum (Johanniskrautgewächse)

Pflanzenkraft Zur Mittsommerzeit, der Johannizeit, blüht das sonnengelbe Johanniskraut und lädt uns dazu ein, diese geballte Sonnenkraft einzufangen und zu konservieren. Johanniskraut wirkt stimmungsaufhellend, angstlösend und stresslösend. Eine andere Wirkung ist die stark antibiotische, pilzwidrige und wundheilfördernde des Johanniskrautöls. Beide Wirkungsrichtungen finden auch beim Hund Anwendung.
Anwendung Johanniskrauttee oder Johanniskraut als standardisiertes Präparat aus der Apotheke kann ängstlichen und auch traurigen Hunden eine gute Hilfe sein. Wenn Ihr Hund hoch dosiertes Johanniskraut erhält, achten Sie bitte darauf, dass er im Sommer immer Zugang zu schattigen Plätzen hat, da Johanniskraut die Lichtempfindlichkeit der Haut erhöht. Johanniskrautöl ist ein unverzichtbares Mittel, das in jede Hausapotheke gehört. Kleine Wunden, infizierte Haut, Pilzinfektionen und Magenschleimhautentzündungen werden mit diesem Rotöl behandelt (siehe S. 68).

ECHTE KAMILLE

— *Matricaria chamomilla (Korbblütler)*

Pflanzenkraft Die Kamille ist wohl die bekannteste Wundheilpflanze. Ihr ätherisches Öl, das Chamazulen, ist tiefblau und eines der besten Wundheilmittel.
Außerdem enthält sie Schleimstoffe und Flavonoide. Die Flavonoide der Kamille kommen vor allem bei Beschwerden des Magen-Darm-Trakts zur Wirkung, sie wirken krampflösend.
Anwendung Für Beschwerden des Magen-Darm-Trakts wird Kamille als Tee angewendet. Zur Wundbehandlung kommt vor allem das ätherische Öl der Kamille zum Einsatz, das in alkoholischer oder fetter Lösung am besten wirkt.

ECHTES LABKRAUT

— *Galium verum (Rötegewächse)*

Pflanzenkraft Auf naturnahen Wiesen findet man das Echte Labkraut, das honigsüß duftet. Es ist wie alle Labkräuter ein großes Heilkraut und wirkt besonders auf das Lymphsystem. Der süße Duft stammt aus den enthaltenen Cumarinen, die medizinisch auch angewendet werden. Es sollte immer dann zum Einsatz kommen, wenn eine gute Durchblutung, vor allem lokal, gewünscht ist.
Anwendung Echtes Labkraut, innerlich als Tee, reguliert den Lymphabfluss und wirkt sich somit auf das Immunsystem aus. Äußerlich als Kataplasma (Frischpflanzen-Breiumschlag) fördert es lokal die Durchblutung, die bei Verspannungen und zur Abszessreifung gewünscht ist.

EIBISCH

— Althaea officinalis (Malvengewächse)

Pflanzenkraft Den Eibisch finden wir in Deutschland nicht wild wachsend, wir müssen ihn im Garten anpflanzen oder bei Bedarf in der Apotheke kaufen. Eibisch ist eine Heilpflanze, die heute bei Hunden sehr aktuell ist. Immer mehr Hunde neigen zu Magenschleimhautentzündungen und Übersäuerungen des Magens. Hier leistet der Eibisch Wunderbares und kann als pflanzliche Alternative zu den sehr nebenwirkungsbehafteten Säureblockern verwendet werden.

Anwendung Selbst sammeln können Sie Blätter, Blüten und Wurzeln. Blätter und Blüten als Kaltauszug oder frisch ins Futter gegeben, wirken stark magenschützend. Die Eibischwurzel enthält noch viel mehr Schleimstoffe und wird immer dann angewendet, wenn der Hund starke Magenreizungen hat. Sie können die in der Apotheke angebotenen Eibisch-Hustensäfte verwenden oder Eibischwurzeln pulverisieren und ins Futter geben.

FENCHEL

— Foeniculum vulgare (Doldenblütler)

Pflanzenkraft Die Samen, Blüten und Blätter des Gewürzfenchels aus Ihrem Garten können Sie Ihrem Hund bei Verdauungsproblemen und Blähungen regelmäßig ins Futter geben. Der Fenchel wirkt blähungswidrig, verdauungsfördernd und magenschützend. Hunde nehmen den Fenchel sehr gern auf und so wird er auch verwendet um stark schmeckende Kräutertees schmackhaft zu machen. Fenchelsamen haben zudem eine hormonregulierende Wirkung auf Hündinnen und können bei Läufigkeitsproblemen angewendet werden. Außerdem ist der Fenchel auch bei der Hündin milchflussfördernd.

Anwendung Blüten und Blätter klein schneiden und ins Futter geben. Bei frischen Samen brauchen Sie nur eine winzige Menge. Ein bis drei Samen reichen aus. Die Samen immer direkt vor der Anwendung anquetschen

GÄNSEFINGERKRAUT

— *Argentina anserina (Rosengewächse)*

Pflanzenkraft Es enthält wie Blutwurz und Brombeerblätter viele Gerbstoffe. In der Volksheilkunde wird das Gänsefingerkraut auch „Krampfkraut" genannt, da es sich vor allem bei krampfartigen Schmerzen im Bauchraum bewährt.

Anwendung Es ist sanft im Geschmack und lässt sich wunderbar als Tee unter das Futter mischen. Auch die getrockneten Blätter, zu Pulver gemörsert, wird Ihr Hund problemlos aufnehmen. Geben Sie Gänsefingerkraut bei milden Durchfällen und Bauchschmerzen.

HIRTENTÄSCHEL

— *Capsella bursa-pastoris (Kreuzblütler)*

Pflanzenkraft Das Hirtentäschelkraut ist ein starkes Blutstillmittel. Auch dieses können Sie unterwegs auf dem Spaziergang finden. Bei oberflächlichen Blutungen, wie z. B. Ballenverletzungen oder Einbisse in das Ohr, können Sie sofort mit Hirtentäschel behandeln.

Anwendung Sammeln Sie einige Pflanzen und quetschen Sie zwischen den Fingern, dann decken Sie damit die blutende Wunde ab. Gut funktioniert auch der Teeaufguss oder die Tinktur.

KAPUZINERKRESSE

— *Tropaeolum (Kapuzinerkressengewächse)*

Pflanzenkraft Die aus Südamerika stammende Pflanze fühlt sich den Sommer über auch in unseren Gärten sehr wohl und schenkt uns nicht nur ein kulinarisches Vergnügen, sondern ist eine ausgezeichnete Heilpflanze. Die Senfölglykoside der Kapuzinerkresse sind ein sehr starkes Breitbandantibiotikum, das auch für Hunde geeignet ist. Außerdem enthält die Kapuzinerkresse tumorwidrige Stoffe und kann somit begleitend bei Krebserkrankungen und zur Vorbeugung gefüttert werden.

Anwendung Es braucht für die starke antibiotische Wirkung der Kapuzinerkresse nicht sehr viel Material. Eine kleine Menge ins Futter gegeben, wirkt bereits antibiotisch im Dünndarm und in der Blase. Um eine antibiotische Wirkung in der Lunge zu erreichen, verwendet man am besten standardisierte Tabletten aus der Apotheke. Antibiotisch wirkt die Kapuzinerkresse in Blase, Dünndarm und in der Lunge.

KLETTENLABKRAUT

— *Galium aparine (Rötegewächse)*

Pflanzenkraft Wie aus allen Labkräutern, wurde in früheren Zeiten auch aus dem Klettenlabkraut das Lab zur Käseherstellung gewonnen. Klettenlabkraut kennt der Hundehalter vor allem wegen seiner klebenden Kraft und seiner Samen, die nur allzu gern im Hundefell haften bleiben. Es wächst einfach überall und überwuchert zum Teil ganze Flächen. Klettenlabkraut ist ein wunderbares Lymphmittel und es bringt Lymphknoten durch den Abtransport von Lymphe zum Abschwellen.

Anwendung Das klebrige Kraut mit seinen kleinen Widerhaken lässt sich nur schlecht im frischen Zustand fressen, es kratzt viel zu sehr im Hals. Mit einem guten Mixer lässt es sich allerdings zu einem sehr gesunden Grüntrunk mixen. Getrocknet und pulverisiert kann man es dem Hund auch ins Futter mischen.

LAVENDEL

— Lavandula angustifolia (Lippenblütler)

Pflanzenkraft Beliebt als Zierpflanze in unseren Gärten, lässt sich der Lavendel auch bei uns ernten und medizinisch nutzen. Lavendel ist eine Heilpflanze mit starken ätherischen Ölen, die allerdings für Tiere ausgezeichnet verträglich sind. Er wirkt beruhigend, verdauungsfördernd und entzündungshemmend. Sein reines ätherisches Öl gehört in jede Hunde-Hausapotheke.
Anwendung Die getrocknete Pflanze als Tee oder als Pulver ins Futter gemischt, wirkt beruhigend, ausgleichend und vor allem bei nervösen Verdauungsbeschwerden regulierend. Der Tee und das ätherische Öl können auch als Spülung bei der Scheidenentzündung der Junghündin angewendet werden. Pilzinfektionen und infizierte Wunden werden ebenfalls mit Lavendel behandelt. Mittels olfaktorischer Konditionierung, können beim Hund Ängste abgebaut und Entspannung trainiert werden (siehe S. 166).

MÄDESÜSS

— Filipendula ulmaria (Rosengewächse)

Pflanzenkraft Mädesüß wächst an feuchten Stellen in der Wiese und an Gewässern. Seine Blüten duften zart nach süßen Mandeln und seine Blätter und Wurzeln riechen und schmecken wie Kaugummi. Dieser leicht synthetische Duft ist ein Anzeichen für das Vorhandensein von Salicylsäure als Wirkstoff. Mädesüß genauso wie Weide sind pflanzliches „Aspirin“ und wirken auch beim Hund entzündungshemmend und schmerzlindernd.
Anwendung Leider gibt es kaum noch gute Präparate aus dem Mädesüß in der Apotheke, aber Sie können sehr gut selbst eine Tinktur aus dem ganzen Kraut samt Wurzeln herstellen. Mädesüßtee wirkt weniger stark, lässt sich aber begleitend bei chronischen Schmerzen gut anwenden.

MALVEN

— Malva (Malvengewächse)

Pflanzenkraft Anders als den Eibisch, den Sie bei uns kaum wild finden werden, sind Malven überall in der Natur zu finden. Alle Malvenarten enthalten sehr viele Schleimstoffe und können als Heilpflanze angewendet werden. Blüten und Blätter werden immer dann angewendet, wenn wir den Schleimhaut beruhigenden Effekt brauchen. Bei Magenschleimhautentzündung ebenso wie bei Augenentzündungen.

Anwendung Malven werden im Kaltauszug angesetzt, da heißes Wasser die Schleimstoffe zerstört. Geben Sie eine Hand voll Blüten und Blätter in ein Glas kaltes Wasser und lassen Sie es eine Stunde stehen. Danach geben Sie dieses Wasser Ihrem Hund, wenn er Magenprobleme hat, oder waschen damit seine entzündeten Augen.

MARIENDISTEL

— Silybum marianum (Korbblütler)

Pflanzenkraft Die Mariendistel ist die wichtigste Leberheilpflanze überhaupt. Sie enthält Wirkstoffkombinationen, die sogenannten Silymarine, die die Leberzellregeneration stimulieren. Sie stabilisieren die Zellen und verhindern das Eindringen giftiger Stoffe in die Leberzelle. Sie sorgen für eine kräftige Durchblutung der Leber und unterstützen sie damit bei der Heilung. Heute weiß man, dass die zellschützende Wirkung sich nicht nur auf Leberzellen bezieht, sondern auch auf alle anderen Zellen des Körpers. So wird Mariendistel immer dann gegeben, wenn Gefahr besteht, dass Gifte von außen den Körper angreifen und Zellen geschützt werden müssen.

Anwendung Angewendet werden die Samen in einem Fertigpräparat, denn in einem Tee lassen sich die Wirkstoffe nicht herauslösen. Mariendistel im Tee wird nur bei Verdauungsproblemen gegeben, hat dabei aber nicht die leberzellschützende Wirkung.

MELISSE

— Melissa officinalis (Lippenblütler)

Pflanzenkraft Die Melisse ist eine sehr wichtige Heilpflanze für Hunde. Ihre beruhigende und auf den Magen entspannende Wirkung ist heute sehr häufig nötig. Stressbedingte Verdauungsbeschwerden nehmen immer mehr zu. Da leistet die Melisse wunderbare Hilfe. Sie reguliert den gestressten Magen auf sehr harmonische Weise.

Anwendung Frisches Melissenkraut, Tee oder auch Tinktur wirken beim Hund sehr gut. Geben Sie Ihrem Hund am Abend von der Melisse, wenn er morgens nüchtern erbricht oder wenn ihm jede Aufregung auf den Magen schlägt. Das Hydrolat der Melisse lässt sich wunderbar bei Zahnfleischentzündungen und Zahnstein anwenden.

MINZE

— Mentha (Lippenblütler)

Pflanzenkraft Leider mögen viele Hunde den Geschmack von Minze nicht sehr gern, weshalb sie therapeutisch meist nur in Kapselform anwendbar ist. Die Wirkungen der Minze sind allerdings so gut und für Hunde auch so effektiv, dass es sich lohnt, mit ihr zu therapieren. Chronische Darmentzündungen, vor allem sehr laute Darmgeräusche, lassen sich gut mit Minze behandeln. Starke Durchfälle mit Blähungen und lauten Darmgeräuschen verschwinden sehr schnell mit einer korrekten Minztherapie.

Anwendung Hier greifen Sie am besten zu einem guten Kapselpräparat aus der Humanmedizin. Geben Sie Ihrem Hund die halbe Menschendosis oder ein- bis dreimal täglich eine Kapsel, je nach Beschwerden.

RINGELBLUME

— Calendula officinalis (Korbblütler)

Pflanzenkraft Die Ringelblume hat leuchtend orange Blüten, die den ganzen Sommer bis tief in den Herbst blühen. Sie enthält eine große Menge an Flavonoiden, außerdem Saponine, Carotinoide, ätherische Öle und Schleime und ist damit die wichtigste Wundheilpflanze. Sie aktivieret die Zellerneuerung und sorgt für den Abfluss der Lymphflüssigkeit.
Ihre Wirkstoffkombination fördert die Wundheilung, sie wirkt stark entzündungshemmend und antibakteriell, antiviral und fungistatisch. Die Ringelblume fördert die Neubildung von Hautzellen und führt zu einem raschen Wundverschluss. Sie wird bei allen Arten von Wunden sowie Haut- und Schleimhautentzündungen angewendet.

Anwendung Sie kann frisch oder getrocknet als Tee zubereitet werden, der dann zur Wundspülung verwendet werden kann, oder man bereitet eine Tinktur zu, die für Notfälle in der Hausapotheke vorrätig sein sollte. Ringelblumenpräparate gibt es in der Apotheke ebenfalls in jeder Ausführung. Zur Spülung frischer Wunden eignen sich Essenzen oder Tinkturen, die mit Wasser verdünnt werden. Zur Wundheilung eignen sich Salben, Gele oder Cremes (siehe S. 61).

SCHAFGARBE

— Achillea millefolium (Korbblütler)

Pflanzenkraft Die Schafgarbe ist ein Multitalent und wird in der Phytotherapie in verschiedenen Bereichen eingesetzt. Sie gehört zu den ganz wichtigen Wundheilpflanzen. Messegue, ein großer, französischer Kräuterkundiger aus dem vorigen Jahrhundert, nannte sie „Jodtinktur der Wiesen und Felder“ und laut der Mythologie soll der griechische Held Achilles seine Wunden mit ihr geheilt haben.
Die Schafgarbe enthält ähnliche Wirkstoffe wie die Kamille – ätherisches Öl, Bitter- und Gerbstoffe und Flavonoide. Sie wirkt appetitanregend, gallefördernd, keimhemmend, entzündungshemmend, blutstillend und wundheilfördernd.

Anwendung Angewendet wird sie äußerlich frisch oder getrocknet als Tee oder als Tinktur. Kleinere Wunden und Verletzungen Ihres Hundes können Sie mit Schafgarbentee auswaschen. Bei leberbedingten Verdauungsproblemen kann sie dem Hund als Tee oder Frischpflanzenpresssaft angeboten werden.

SONNENHUT

— Echinacea (Korbblütler)

Pflanzenkraft Der Sonnenhut, auch bekannt als *Echinacea*, ist eine sehr gute Heilpflanze für schlecht heilende Wunden. Er fördert am Ort des Geschehens das Immunsystem und verhilft dem Körper somit zu einer gesunden Wundheilung, indem er die Bindegewebszellen aktiviert und zur Bildung von Hyaluronsäure anregt. Hyaluronsäure ist ein Bestandteil des Bindegewebes, Sonnenhut fördert die Bildung von Bindegewebe und unterstützt die Entwicklung neuer Blutgefäße und Nervenzellen. Außerdem wirkt er stark antibakteriell.

Anwendung Sie sollten ihn in fertigen Präparaten anwenden. Stark immunmodulierende Pflanzen sollten immer nur kurz gegeben werden. Eine Intervallgabe von fünf Tagen, dann fünf Tage Pause und nochmaliger Gabe haben sich beim Hund sehr bewährt.

THYMIAN

— Thymus vulgaris (Lippenblütler)

Pflanzenkraft Frisch aus dem Garten, der Fensterbank oder getrocknet aus der Apotheke können Sie diese wunderbare Heilpflanze bei Ihrem Hund anwenden und eine Variante immer Zuhause haben. Thymian ist ein starkes Antibiotikum und wird ebenso bei Darminfektionen wie bei Atemwegsinfektionen angewendet. Der klassische Husten des jungen Hundes ist eine Indikation für Thymiantee, Thymianhonig oder Thymiansaft.

Anwendung Bei Darminfektionen füttern Sie Ihrem Hund einen halben bis einen Teelöffel ein- bis zweimal täglich über eine Woche. Thymiantee eignet sich auch zur Inhalation, wenn Ihr Hund erkältet ist. Ein Thymianhonig wirkt Wunder bei Husten.

WALNUSS

— Juglans regia (Walnussgewächse)

Pflanzenkraft Einen Walnussbaum sollten Sie dringend kennen, denn er gehört zur Hunde-Hausapotheke einfach dazu. Seine Blätter sind voller wertvoller Wirkstoffe, die wir uns für unsere Hunde zu Nutze machen können und seine Anwendungsbereiche sind sehr groß. Sie enthalten gute Gerbstoffe und besondere Flavonoide. Juglan, einer der Wirkstoffe, wirkt wunderbar juckreizlindernd. Die Walnuss ist dazu stark antiparasitär wirksam.

Anwendung Walnussblätter sollte man als Hundehalter immer vorrätig haben – getrocknet im Winter und im Sommer am besten einen Walnussbaum in der Nähe. Jedes juckende und feuchte Ekzem (Hot Spot und Allergie) heilt mit starkem Walnusstee, lokal aufgetragen, sehr schnell ab. Getrocknete Walnussblätter, zu Pulver gerieben und ins Futter gegeben, töten Darmparasiten zuverlässig ab.

WASSERDOST

— Eupatorium (Korbblütler)

Pflanzenkraft Im Hochsommer sind unsere Wälder voll mit Wasserdost. Nun ist es Zeit, das stärkste Immunmittel unserer Region für den Winter vorzubereiten. Wasserdost ist um ein vielfaches stärker wirksam als *Echinacea* und ein sehr gutes Immunmittel. Allerdings enthält er Pyrrolizidinalkaloide und sollte, so wie jedes Immunmittel, immer nur kurz und bei Bedarf angewendet werden. Wasserdost-Tee, frisch aufgebrüht, ist sehr gut als Spülung bei nicht heilenden Wunden geeignet.

Anwendung Machen Sie sich Ihre eigene Wasserdost-Tinktur (siehe S. 149) und geben Sie bei Bedarf Ihrem Hund davon dreimal täglich 5 bis 10 Tropfen. Fünf Tage reichen meist aus und die bevorstehende Infektion ist abgewehrt.

WEISSDORN

— *Crataegus (Rosengewächse)*

Pflanzenkraft Der Weißdorn gehört zu den herzwirksamen Pflanzen, die absolut unbedenklich angewendet werden können und dabei trotzdem eine starke und sehr gute Wirksamkeit aufweisen. Er steigert die Durchblutung der Herzkranzgefäße, steigert das Herzzeitvolumen, verbessert die Herzleistung und die Kraft des Muskels, wirkt gegen Rhythmusstörungen und sorgt für eine bessere Durchblutung.

Anwendung Er hat keinerlei Nebenwirkungen und kann auch nicht überdosiert werden. Die Tiermedizin hat einige Präparate zu bieten, aber auch die humanmedizinischen Weißdornpräparate können Sie Ihrem alternden Hund geben. Sprechen Sie Ihren Tierarzt beim nächsten Alters-Check darauf an.

WILDE KARDE

— *Dipsacus fullonum (Geißblattgewächse)*

Pflanzenkraft Schnell kann man meinen, die Karde sei eine Distel. Das ist sie aber nicht. Sie breitet sich momentan stark aus und ist überall dort zu finden, wo der Mensch Spuren hinterlassen hat. Heute ist sie eine sehr wichtige Heilpflanze in der Tiermedizin geworden. Mit ihr werden begleitend alle möglichen Blutparasiten erfolgreich behandelt.

Anwendung Die Chinesische Medizin kennt die Karde in der Therapie noch heute (Xu duan, Sorgloswurzel). Sie findet dort Verwendung bei Schmerzen in den Gelenken, Schwäche, rheumatoiden Schmerzen und Muskelentzündungen. Im europäischen Raum wurde die Karde schon immer bei Hauterkrankungen angewendet und zur allgemeinen Reinigung des Organismus sowie bei Rheuma und Arthritis. In beiden Kulturen wurde sie aber auch zur Stimulation des Immunsystems herangezogen. Die alten, überlieferten Indikationen erklären vielleicht auch heute noch den Erfolg dieser Heilpflanze und vor allem ihre Wirksamkeit beim Symptomkomplex der Borreliose. Siehe auch Kardentinktur S. 85.

HERBST
— *Zeit der Abwehrkräfte*

Gerade Welpen können sich bei naßkaltem Wetter schnell eine Blasenentzündung holen.

HARNWEGSERKRANKUNGEN

Auch ein Hund kann eine Blasenentzündung bekommen. Wichtig sind jetzt der Gang zum Tierarzt und die genaue Diagnostik. Lassen Sie untersuchen, ob es sich tatsächlich um eine bakterielle Infektion handelt.

In der Humanmedizin lange nicht mehr aktuell, so werden in der Tiermedizin leider noch immer Blasenentzündungen antibiotisch behandelt. Humanmediziner wissen heute, wie wichtig eine genaue Diagnostik der Keimbesiedlung ist. Lange Zeit wurden auch beim Menschen zu häufig Antibiotika verschrieben, bis man feststellte, dass sich ganz besonders in der Blase schlimmste Resistenzen entwickeln können. Daher werden heute Antibiotika, wenn überhaupt, dann nur gezielt eingesetzt.
Viele Hundehalter kennen das. Durch das Antibiotikum heilt die Blasenentzündung schnell ab, aber genauso schnell ist sie wieder da. Irgendwann helfen keine Antibiotika mehr. Umso schlimmer wird das Ganze, wenn man weiß, dass die meisten Blasenentzündungen nicht ursächlich aus einem bakteriellen Problem entstehen.

BLASENENTZÜNDUNG

Hat sich Ihr Hund eine einfache Blasenentzündung zugezogen, lassen Sie diese zunächst von Ihrem Tierarzt diagnostizieren. Bitten Sie ihn um eine phytotherapeutische Behandlung.

Das Allerwichtigste: Lassen Sie Ihren Hund sehr, sehr viel trinken. Animieren Sie ihn dazu mit einem Klecks Sahne oder Milch. Bieten Sie ihm Brühe oder Suppe an. Geben Sie Wasser in sein Futter. Es gilt – trinken, trinken, trinken … Genauso wichtig ist das Gassigehen! All das zugeführte Wasser muss auch schnell wieder hinaus. Das Durchspülen der Blase ist die wichtigste Therapie einer einfachen Blasenentzündung, und diesen Teil der Therapie haben einzig Sie als Hundebesitzer in der Hand. Zur Not müssen Sie eben jede Stunde mit Ihrem Hund raus, aber Sie helfen ihm damit mehr als jede Spritze vom Tierarzt. Zusätzlich geben Sie Ihrem Hund einen blasenspülenden Heiltee und aquaretisch (harntreibend) wirkende Heilpflanzen. Auch pflanzliche Antibiotika können gegeben werden (siehe S. 154 ff.). Zusätzlich sollten Sie das Immunsystem Ihres Hundes unterstützen.

THERAPIEPLAN

1. **Viel trinken und Gassigehen**
   (es gilt – Spülen, Spülen, Spülen!)

2. **Goldrute – S. 128**
   Verabreichen Sie Ihrem Hund Goldrute in irgendeiner Form. Eine Möglichkeit sind die freiverkäuflichen Solidago-Steiner® Tabletten aus der Apotheke. Geben Sie einem Hund ab 20 kg 3-mal täglich eine Tablette. Kleinere Hunde erhalten 3-mal täglich eine halbe Tablette. Wirksam ist auch eine Goldrutentinktur (z. B. von Ceres); geben Sie Ihrem Hund davon 3-mal täglich 3 bis 5 Tropfen.

3. **Pflanzliches Antibiotikum**
   Das in der Apotheke frei erhältliche pflanzliche Antibiotikum Angocin® ist ein wunderbares Mittel gegen bakterielle Infektionen in Blase und Lunge. Es enthält Meerrettich und Kapuzinerkresse, zwei sehr stark antibiotisch wirkende Pflanzen. Geben Sie Ihrem Hund 3-mal täglich 1 oder 2 Tabletten. Gut möglich ist auch die Gabe von einer Kapuzinerkressen-Tinktur wie z. B. von Ceres; hiervon geben Sie 3-mal täglich 3 bis 5 Tropfen.

Viel trinken und Gassigehen sind wichtig.

4. **Sonnenhut – S. 137**
   Machen Sie mit Ihrem Hund eine 5-tägige Immunkur mit Sonnenhut: in Tablettenform oder als Tinktur. Geben Sie die angegebene Kinderdosis über 5 Tage.
   Beispiel: Echinacea-Tabletten (z. B. von Ratiopharm) 100 mg – ein 20 kg Hund bekommt 2-mal täglich eine Tablette.

Mit dieser Behandlung heilen einfache Blasenentzündungen sehr schnell (meist innerhalb von 2 Tagen) wieder ab, wenn Ihr Hund sehr viel Urin produziert und absetzen kann. Besprechen Sie die Therapie vorher mit Ihrem Tierarzt und lassen Sie ihn den Urin Ihres Hundes vor und nach der Therapie untersuchen.
Setzen Sie die Behandlung mit der Goldrute und dem Meerrettich-Kapuzinerkresse-Präparat über mindestens eine Woche, besser zwei Wochen, fort.

BLASENTEE

— 25 g Löwenzahn
— 25 g Goldrute
— 25 g Birke
— 25 g Brennnessel

Geben Sie Ihrem Hund von diesem Tee 3- bis 4-mal täglich eine halbe oder eine Tasse ins Futter.

Echte Goldrute

Kanadische Goldrute

Riesengoldrute

☞ GOLDRUTE

EIGENSCHAFT/ ART	S. VIRGAUREA Echte (einheimische) Goldrute	S.CANADENSIS Kanadische Goldrute	S. GIGANTEA Riesengoldrute
entzündungshemmend	+	+	++
schmerzstillend	++	–	–
harntreibend	+	+	++
steinlösend	+	+	+
gegen Pilze	++	–	–
tumorhemmend	–	++	–

GOLDRUTE – S. 128

Die Goldrute ist die wichtigste Nierenheilpflanze, die wir kennen. Sie wirkt durchspülend, entzündungshemmend, schmerzlindernd, entkrampfend, antibakteriell und immunmodulatorisch. Am besten verwenden Sie Goldruten-Tee aus der Apotheke; geben Sie Ihrem Hund den Tee 3-mal täglich.

BIRKE – S. 42

Birkenblätter wirken als Tee stark harntreibend und entzündungshemmend. Sie können Birkenblätter das ganze Jahr über sammeln und frisch anwenden oder auf Vorrat trocknen, so haben Sie immer einen guten Nierentee im Haus. Die ganz frischen Birkenblätter im Frühling eignen sich frisch und getrocknet am besten.

BRENNNESSEL – S. 43

Das Allroundtalent Brennnessel ist ein wunderbarer „Durchputzer". Sie wirkt harntreibend vor allem dann, wenn auch viel Flüssigkeit zugefügt wird. Geben Sie Ihrem Hund immer wieder frische, klein zerhackte oder getrocknete Brennnesseln ins Futter.

LÖWENZAHN – S. 47

„Pis-en-lit" oder auch Bettseicher – diese Namen, die ebenfalls für den Löwenzahn stehen, lassen seine ursprüngliche Anwendung schnell erkennen. Er wirkt harntreibend, galletreibend und kurbelt den Stoffwechsel an. Für den Löwenzahn gilt dasselbe wie für die Brennnessel: Sie können ihn überall und das ganze Jahr über finden, verwenden Sie ihn immer wieder als Kur, um Ihren Hund fit zu halten.
Löwenzahnpresssaft ist ein ausgezeichnetes Therapeutikum bei Blasenentzündung. Geben Sie Ihrem Hund einen Teelöffel am Tag davon.

CHRONISCHE BLASENENTZÜNDUNG

Wichtig ist, die Ursache für eine immer wiederkehrende Blasenentzündung zu finden. Lassen Sie den Urin Ihres Hundes gründlich untersuchen. Lassen Sie auch eine bakterielle Untersuchung durchführen, nehmen Sie aber hierfür niemals den von Ihrem Hund abgesetzten Urin. Um eine vernünftige Untersuchung auf Keime durchzuführen, muss Ihr Tierarzt dem Hund Urin steril und sauber entnehmen. Auch ein Ultraschall der Blase wird nötig sein, um zu diagnostizieren.
Sind alle möglichen anderen Ursachen ausgeschlossen, dann geht es darum, die Blase Ihres Hundes zu unterstützen und das Immunsystem zu kräftigen. Hierzu gibt es einige sehr gute Phytotherapeutika.

CRANBERRY

In der Humanmedizin wird die Cranberry schon sehr lange gegen Blasenentzündungen angewendet. Sie enthält, ebenso wie Heidelbeere, Holunder, Wein und Preiselbeere, eine große Menge an sogenannten Anthocyanen. Anthocyane sind eng mit Flavonoiden verwandt und für die blaue Farbe der Beeren verantwortlich. Sie wirken stark antimikrobiell, indem sie die Anhaftung der Bakterien an die Blasenwand verhindern.
Bei der chronischen und rezidivierenden Blasenentzündung erfolgt die Kontaktaufnahme der Bakterien (wie *E. Coli*) mit dem Gewebe der Blase über tentakelartige Anheftungsstellen, den sogenannten Fimbrien. Diese Fimbrien sind vor allem bei resistenten Keimen stark und fast nicht hemmbar. Solche Bakterienstämme sind für schwer therapierbare und rezidivierende Harninfekte verantwortlich. Anthocyane sorgen dafür, dass die Bakterien diese Anheftungsstellen nicht mehr entwickeln können und hemmen somit deren Anheftung an die Blasenwand. Es gibt mittlerweile ein tiermedizinisches Cranberrypräparat in Tablettenform oder als Pulver, das genau auf diese Wirkung abzielt. Fragen Sie Ihren Tierarzt danach oder kaufen Sie eines der vielen Präparate in der Apotheke.
Cranberry sollte als lange Kur angewendet werden. Bei immer wiederkehrenden Blasenentzündungen ist es sinnvoll, dem Hund über einige Wochen Cranberry zu füttern.

MEERRETTICH UND KAPUZINERKRESSE

Beide enthalten eine große Menge an Senfölglykosiden, welche stark antibiotische Wirkung besitzen. In der Apotheke erhalten Sie ein frei verkäufliches Präparat (Angocin®), das beide Heilpflanzen in sinnvoller Kombination enthält. Dies ist eine wirkliche Alternative zur synthetischen Antibiotikatherapie. In der Humanmedizin wird es vor allem bei chronischen und rezidivierenden Blasenentzündungen empfohlen. Es ist nicht nur in der Lage, den pH-Wert des Urins zu optimieren und Keime zu hemmen, es wirkt zudem stark immunmodulierend und stärkt somit die körpereigene Abwehr.

Die Echte Goldrute ist selten und kann schnell mit dem giftigen Kreuzkraut verwechselt werden.

ERKRANKUNGEN DER NIERE

Eine Nierenerkrankung muss immer durch einen Tierarzt diagnostiziert und behandelt werden. Ganz wichtig ist auch hier wieder die Umstellung der Nahrung – lassen Sie sich beraten. Es ist nicht unbedingt nötig, ein Fertigfutter zu kaufen, Sie können sich auch eine Selberkochdiät berechnen lassen. Wichtig bei solchen Diäten ist, dass die Entgiftungsorgane Leber und Niere nicht noch zusätzlich durch die Ernährung belastet werden. Ist Ihr Hund wegen einer Nierenerkrankung in tiermedizinischer Behandlung, dann sprechen Sie Ihren Tierarzt auf die sinnvolle Kombinationstherapie mit Heilpflanzenwirkstoffen an. Leider übersieht die Schulmedizin oft, dass es außerhalb ihres Wirkungskreises weitere medizinische Systeme gibt, die durchaus noch einige Möglichkeiten zu bieten haben. Dies gilt auch für die Behandlung der Niere, vor allem der **chronischen Nierenerkrankung**.

WIRKSAME HEILPFLANZEN

Die Phytotherapie hat hier eine große Auswahl an Wirkstoffen, die ein Nierenleiden lindern können. Allen voran steht hier die Goldrute (Solidago). Sie ist das Nierenmittel erster Wahl. Eine Vielzahl an Wirkstoffen, u. a. Phenylglycoside, Saponine, Flavonoide und Co., bewirken eine direkte Leistungssteigerung der Nieren. Sie wirken durchspülend, entzündungshemmend, krampflösend, antibakteriell und immunmodulatorisch. Auch eine klassisch schulmedizinische Behandlung der Niere sollte immer mittels Phytotherapie begleitet werden. Gern können hier andere alternative Heilmethoden in Kombination mit der Phytotherapie Anwendung finden. So hat sich als sehr wirkungsvoll eine Therapie mit dem anthroposophischen Komplexmittel Renes viscum PLV® der Firma PlantaVet zusammen mit einem phytotherapeutischem Goldrutenpräparat wie z. B. Solidago Steiner® erwiesen. Leider enthalten viele tiermedizinische Goldrutenpräparate im Vergleich zu den humanmedizinischen deutlich weniger Wirkstoffe.

DAS IMMUNSYSTEM

Das Immunsystem unserer Hunde wird heute in der klassischen Tiermedizin leider zu oft vergessen. Unsere Hunde erhalten bei leichten Infektionen sehr schnell Antibiotika und auch der Einsatz von immunsuppressivem Kortison kommt in der alltäglichen Tierarztpraxis zu oft und ohne kritische Betrachtung vor.

SCHWÄCHUNG BEIM JUNGHUND

Bereits junge Hunde erhalten eine Vielzahl an Medikamenten, die nicht immer notwendig sind. Früh wird regelmäßig prophylaktisch entwurmt, es werden belastende Mehrfachimpfungen geimpft und kleine Infektionen wie z. B. Junghundehusten, Junghundevaginitis, Haut- und Bindehautentzündungen werden zu schnell antibiotisch versorgt. Scheuen Sie sich nicht davor, Ihren Tierarzt um Alternativen zu bitten. In den meisten Fällen lässt sich die Gabe von Antibiotika vermeiden, wenn der Hund gründlich untersucht und phytotherapeutisch behandelt wird. Oft sprechen gerade junge Hunde sehr gut auf eine pflanzliche Immuntherapie und auch pflanzliche Antibiotika an. Das Immunsystem vieler Hunde ist durch diese Prozeduren geschädigt.

Immer wiederkehrende Infekte kann der Tierbesitzer meist nicht mehr mit vorangegangenen Behandlungen in Verbindung bringen und wundert sich. Die Folge ist dann oft ein Wechsel des Tierarztes. Aus der Praxis kenne ich das nur zu gut, die Spritze des Kollegen hat zunächst gut und schnell geholfen, doch leider tritt das Problem bereits wiederholt auf. Vergessen Sie nicht, dass auch Ihr Hund ein Immunsystem hat, und dieses gilt es zu schützen und zu pflegen.

IMMER WIEDERKEHRENDE INFEKTE

Zunächst bringen Sie in Erfahrung, mit welchen Medikamenten bisher therapiert wurde. Welche Antibiotika wurden gegeben, hat der Tierarzt Kortison angewendet? Welche Untersuchungen wurden durchgeführt? Immer wiederkehrende bakterielle Infektionen sollten abgeklärt werden. Um welches Bakterium handelt es sich? Welches Antibiotikum wirkt hier überhaupt? Ist ein Antibiogramm gemacht worden? Sagen Sie Ihrem Tierarzt, dass Sie gern das Immunsystem Ihres Hundes unterstützen wollen, um wiederkehrende Infektionen zu vermeiden.

Auch gemeinsames Spiel stärkt das Immunsystem.

Aus Wasserdost lässt sich ganz einfach eine Immuntinktur herstellen.

IMMUNMODULATION

Wichtig ist, zu wissen, dass eine Stimulation des Immunsystems immer eine Modulation ist. Das bedeutet, das Immunsystem reguliert sich und pendelt sich ein. Allerdings gibt es Wirkstoffe, die, wenn sie falsch dosiert werden, genau das Gegenteil bewirken. So sollten Sie bei einer Therapie mit **Echinacea** genau wissen, wie Sie dosieren. Auch der Hund benötigt, wie der Mensch, nur ein kurzfristiges Anstoßen des Immunsystems und keine Dauertherapie.

Werden die Immunmodulatoren zu lange verabreicht, kann sich die Wirkung umdrehen und das Immunsystem erst recht Probleme bereiten. Ein Überschuss des Immunsystems wirkt sich dann in Allergien oder Autoimmunerkrankungen aus. Es gibt heute eine große Menge an Immunmodulatoren auf dem Markt, und selbst der tiermedizinische Markt hat einiges zu bieten. Seien Sie vorsichtig bei der Auswahl eines Präparates und lassen Sie sich im Zweifel von einem erfahrenen Phytotherapeuten beraten. Häufig meinen Hundebesitzer es gut und geben ihrem Schützling immunmodulierende Pflanzenpräparate. Häufig werden diese falsch dosiert oder angewendet und können somit sogar Schaden anrichten. Auch ist Vorsicht bei Nahrungsergänzern oder Futtermitteln geboten, die Echinacea oder andere immunmodulierende Pflanzen und Stoffe enthalten. Der chronische und niedrig dosierte Gebrauch dieser Stoffe stört die intakte Immunität.

IMMUNMODULATOREN

Tiermedizinische Präparate

Alle diese Präparate erhalten Sie bei Ihrem Tierarzt:

— PetM® von PlantaVet; es enthält Echinacea, Thuja und Phosphorus
— Lachesis comp® von Heel; es enthält Echinacea, Lachesis, Pulsatilla, Sabina, Pyrogenium
— Viruvetsan® von der DHU; es enthält Echinacea, Coffea, Bufo
— ImmuStim® von Almapharm; es enthält Wirkstoffe aus Pilzen
— Umijo Dog® von AlfaVet; es enthält Echinacea, Kaplandpelargonie, Taigawurzel, Thuja, Efeu, Wasserdost und Mumijo

Humanmedizinische Präparate

— Echinacea ratiopharm® Tabletten 100 mg
— Echinacea D1 Globuli DHU®
— Contramutan® Saft oder Tabletten (Wasserdost)
— Ceres Echinacea purpurea® Urtinktur

Für alle diese Präparate gilt: Kurze Gaben und lieber in Intervallen von 3 bis 5 Tage geben, dann eine Woche Pause, dann nochmals 3 bis 5 Tage geben.

☞ IMMUNTINKTUR MIT WASSERDOSTKRAUT SELBST HERSTELLEN

01 Blüten, Blätter und Stängel werden klein geschnitten ...

02 ... und in ein Glas gegeben.

03 Die Pflanzen werden mit Schnaps überdeckt.

1. Sammeln Sie im Sommer im Wald blühendes Wasserdostkraut. Nehmen Sie nur das obere Drittel des Krauts.
2. Schneiden Sie das Kraut sehr klein und füllen Sie damit ein dunkles Glas.
3. Gießen Sie einen klaren Schnaps darüber und bedecken Sie das Glas.
4. Lassen Sie den Ansatz drei Wochen im Dunkeln stehen.
5. Filtern Sie die Tinktur ab und geben Sie diese in braune Pipettenfläschchen.
6. Bewahren Sie die Tinktur im Kühlschrank auf und geben Sie Ihrem Hund bei Bedarf von dieser kräftigen Immuntinktur.

Dosierung

Kleiner Hund: 3-mal täglich 1 Tropfen
Mittlerer Hund: 3-mal täglich 2 Tropfen
Großer Hund: 3-mal täglich 5 Tropfen

AUTOIMMUN-ERKRANKUNGEN

Sie gehören heute zum Praxisalltag in einer Tierarztpraxis. Hautprobleme, Darmprobleme und sogar Asthma treten immer häufiger auf. Es sind viele Faktoren, die dazu führen, dass das Immunsystem der Hunde heute nicht mehr richtig arbeitet. Ist Ihr Hund erst einmal von einer solchen autoimmunen Krankheit betroffen, das bedeutet, das Immunsystem richtet sich gegen sich selbst, dann brauchen Sie einen guten Therapeuten mit ganzheitlich-regulativem Ansatz. Die klassisch-synthetische Schulmedizin kennt hier nur das Unterdrücken oder Ausschalten des Immunsystems und das kann ziemlich frustrierend für den Hundebesitzer und schädlich für den Hund sein.

In der Humanmedizin schon lange im Fokus – der Hanf.

ANSÄTZE DER PHYTOTHERAPIE

Die Phytotherapie bietet einige Ansätze, um ein aus der Bahn geratenes Immunsystem wieder zu regulieren, auch wenn das kein leichtes Unterfangen ist. Heilpflanzen wie der Färberwaid, der Lange Schwarze Pfeffer, Weihrauch, Hanf und Katzenkralle zeigen in humanmedizinischen Studien höchst interessante Wirkmechanismen, die aus dem Gleichgewicht geratene Immunzellen wieder regulieren können. Für einen solchen Therapieansatz benötigen Sie aber dringend die Beratung eines sehr gut ausgebildeten und erfahrenen Phytotherapeuten.

SYMMETRISCHE LUPOIDE ONYCHODYSTROPHIE

Die SLO ist eine recht neu auftretende Autoimmunerkrankung, bei der das Immunsystem zu einer Abwehrreaktion gegen die eigenen Krallen führt. Nach und nach fallen den betroffenen Hunden die Krallen aus, oft mit üblen, begleitenden Infektionen und sehr schmerzhaften Schüben.

Klassisch synthetisch wird diese Erkrankung mit massivem Einsatz von Kortikosteroiden und Antibiotika behandelt. Zusätzlich erhalten die Hunde begleitend eine hohe Dosis Omega-3- und -6-Fettsäuren.

In meiner Praxis führe ich seit Jahren die sehr erfolgversprechende Behandlung dieser Erkrankung mittels Weihrauch und Fettsäuren durch. Seither musste kein einziger Patient Kortison oder Antibiotika zu sich nehmen. Lokal werden die Krallen mit Propolis behandelt und benötigen dadurch so gut wie nie eine Antibiose. Die Erfolge sind, wenn die Therapie korrekt durchgeführt wird, genauso gut wie die synthetische Behandlung. Vorteile sind die deutlich geringeren Nebenwirkungen und der Verzicht auf Immunsuppresiva und Antibiotika. Wenn Ihr Hund an SLO erkrankt ist, wenden Sie sich an einen Phytotherapeuten, der bereits Erfahrungen mit dieser Therapieform hat. Mittlerweile gibt es sogar ein für Tiermediziner zugelassenes Präparat der Firma Inuvet, das genau diese Wirkstoffe enthält.

ATMUNGSTRAKT

Auch Hunde erkälten sich und fast jeder junge Hund hat einmal einen Junghundehusten, der dann meist alle Junghunde der Welpenspielgruppe oder Hundeschule erwischt.

Das ist wie bei Menschenkindern, die sich im Kindergarten anstecken, und gerade diese frühen Infektionen sind bekanntermaßen wichtig für die Schulung und das Training des Immunsystems. Wichtig ist jetzt, richtig zu handeln und nicht sofort mit der chemischen Keule draufzuschlagen und sämtliche Selbstheilungskräfte zu unterdrücken. Der junge Organismus soll die Möglichkeit haben, sich selbst mit dem Erreger auseinanderzusetzen, sein Immunsystem wird jetzt gefordert und gefördert. Es ist wichtig, dass besonders der junge Hund die Möglichkeit bekommt, sich mit den verschiedenen Erregern auseinanderzusetzen. Ähnliches wie beim Thema Entwurmung (siehe S. 104 ff.) gilt auch hier.

Antibiotikagaben im Junghundealter sollten möglichst vermieden werden.

WUNDERMITTEL ANTIBIOTIKA?

Abgesehen davon, dass die meisten Junghundehusten nicht primär bakteriell bedingt sind und eine Antibiotikagabe nicht angebracht ist, so schädigen diese frühen und unnötigen Antibiotikagaben den gesamten Organismus. In der Praxis ist häufig zu sehen, dass Hunde, die im jungen Alter viel und häufig Antibiotika erhielten, im Alter häufiger Verdauungsprobleme, Allergien und ein schlechtes Immunsystem haben. Leider wird in der Praxis dieser Zusammenhang oft nicht erkannt oder verschwiegen.
Immer wieder erlebe ich in der Praxis, dass der Tierbesitzer ein Antibiotikum fordert, immer in der Hoffnung, dies sei die einzig wahre und funktionierende Medizin. Wir sind heute noch immer so sehr darauf geprägt, dass Antibiotika Allesheiler sind, und wir verlassen uns nur allzu gern auf sie. Dabei werden besonders in der Tiermedizin die Themen Resistenzen und schädliche Nebenwirkungen der unnötigen Antibiotikatherapie noch immer verdrängt und verleugnet. In diesem Punkt ist uns die Humanmedizin einen Schritt voraus, ganz besonders in der Kindermedizin, die der Tiermedizin doch recht ähnlich ist. Seien Sie also kritisch, wenn Ihr Tierarzt vorschnell und immer wieder zum Antibiotikum greift, und sprechen Sie ihn darauf an. Ein Umdenken ist hier dringend nötig.

JUNGHUNDEHUSTEN

Er kommt meist schnell und unerwartet. Der Hund beginnt ganz plötzlich, fürchterlich zu husten, spuckt evtl. weißen Schaum und Schleim und der Hundebesitzer ist sich ganz sicher, dass der Hund etwas verschluckt oder im Hals stecken hat. Lassen Sie Ihren Hund tierärztlich untersuchen, denn natürlich verschluckt ein junger Hund tatsächlich einmal etwas.
Wenn die Diagnose Husten und Erkältung steht, dann besprechen Sie mit Ihrem Tierarzt das weitere Vorgehen. Wenn Ihr Tierarzt den Verdacht auf eine starke, bakterielle Infektion hat, z. B. bei hohem Fieber und eitrigem Geschehen, dann kann ein Antibiotikum tatsächlich nötig sein.
In den allermeisten Fällen des Junghundehustens ist das allerdings nicht der Fall.

SYMPTOME JUNGHUNDEHUSTEN

- Husten und Spucken, als ob etwas im Hals stecken würde. Oft mit Auswurf, meist weißer Schaum. Dicke Lymphknoten und dicke Mandeln.
- Geröteter Hals und beim Abtasten kann der Tierarzt Husten auslösen.
- Die Lunge sollte beim Abhören frei sein und es sollte kein Fieber vorhanden sein.
- Vorgeschichte: Meist ist schnell klar, dass sich viele Hunde in der Umgebung angesteckt haben oder eine ganze Hundeschule betroffen ist.

BEHANDLUNG DES EINFACHEN JUNGHUNDEHUSTENS

Honig Bieten Sie Ihrem Hund, vor allem abends, wenn er stark hustet, Honig an. Einen Teelöffel bei kleinen Hunden und einen Esslöffel bei großen Hunden. Der Honig umkleidet den gereizten Hals, lindert den Hustenreiz und wirkt antibiotisch.

Hustensaft Besorgen Sie sich einen pflanzlichen Hustensaft, wie z. B. Spitzwegerich-Saft, und geben Sie diesen Ihrem Hund.
Beim Tierarzt erhalten Sie einen sehr guten Hustensaft von der Firma PlantaVet (Cani-Pulmin® Saft), der mit Efeu und Thymian gegen den Husten ankämpft und ausgezeichnet wirkt. Dosieren Sie diesen Saft allerdings etwas höher als angegeben.

Immuntherapie Machen Sie mit Ihrem Hund eine Immuntherapie (siehe S. 148). Geben Sie ihm z. B. über 5 Tage Echinacea ratiopharm® 100 mg Tabletten.

Umckaloabo Sehr gut bewährt haben sich auch Umckaloabo-Tabletten. Einmal täglich eine Tablette über fünf Tage, dann fünf Tage Pause und nochmals einmal täglich eine Tablette für fünf Tage. Dies wiederholen Sie insgesamt dreimal.

Ruhe und Wärme Sorgen Sie für Ruhe und lassen Sie Ihren Hund seinen Infekt gut auskurieren. Manche Hunde mögen Wärme am Hals, ein Schal kann da sehr nützlich sein.
Sie werden erstaunt sein, wie gern Ihr Hund diesen annehmen wird.

INHALATION MIT THYMIAN

Am besten ist es, wenn man ein Inhalationsgerät zuhause hat, es funktioniert aber auch mit einem Topf heißem Tee. Vorsicht – lassen Sie den Hund nicht mit dem heißen Wasser allein! Gut funktioniert es, wenn Sie einen großen Topf mit kochendem Thymiantee in ein kleines Zimmer, wie z. B. die Toilette oder das Bad, stellen und über den Topf einen kleinen Käfig stellen. Setzen Sie sich mit Ihrem Hund für einige Minuten in das Zimmer und lassen Sie ihn den Dampf einatmen. Geben Sie 1 bis 2 Tropfen Thymianöl, das Sie in der Apotheke bekommen, in den Inhalator oder den Tee. Auch ein Duftlämpchen mit 2 Tropfen ätherischem Thymianöl wirkt wunderbar antiseptisch und schleimlösend. Stellen Sie das Duftlämpchen geschützt, aber in der Nähe Ihres Hundes, auf.

HOLUNDERBLÜTEN

Der Tee aus den Blüten des Holunders wirkt fiebersenkend und immunmodulatorisch. Er wärmt von innen und wirkt hustenlindernd.
Ein Teelöffel auf eine Tasse Wasser lauwarm mehrmals täglich anbieten oder ins Futter geben.

☞ HUSTENSIRUP UND -SAFT AUS SPITZWEGERICH SELBST HERSTELLEN

01 Spitzwegerich und Thymian in ein Glas geben.

02 Mit einer Schicht Honig bedecken …

03 … und 8 Wochen in einer dunklen Ecke stehen lassen.

Spitzwegerichsirup

In ein weithalsiges Gefäß geben Sie eine Schicht zerkleinerte, frische Spitzwegerichblätter, darauf eine Schicht Honig, wiederum Blätter usw., bis das Gefäß voll ist. Nun verschließen Sie das Glas und stellen es in eine dunkle Ecke oder graben es im Garten in die Erde ein. Nach zwei Monaten den Honig durch ein Sieb geben und die restlichen Spitzwegerichblätter entfernen.

Spitzwegerichsaft

Frische oder getrocknete Spitzwegerichblätter mit ein wenig abgekochtem Wasser im Mörser zerstoßen, dann kurz aufkochen. Abkühlen lassen, und wenn der Sud lauwarm ist, viel Honig dazugeben. Geben Sie Ihrem Hund davon 2-mal täglich eine halbe Tasse ins Futter oder lassen Sie es ihn so schlecken.

Das Wiesenschaumkraut, das im Frühling unsere Wiesen verzaubert, enthält sehr viele Senfölglykoside.

PFLANZLICHE ANTIBIOTIKA

Antibiotikaresistenzen sind ein ernst zu nehmendes Thema, das in der Humanmedizin immer mehr an Beachtung gewinnt. Und auch die Tiermedizin ist heute gezwungen, sich damit auseinanderzusetzen.

Unsachgemäßer und zu häufiger Einsatz von Antibiotika, Antimykotika und Antiparasitika fördern Resistenzbildung in der Großtierpraxis ebenso wie in der Kleintierpraxis. Die heutige bedrohliche Entwicklung der antibiotikaresistenten Mikroorganismen führt zu einer intensiven phytopharmakologischen Forschung und Suche nach neuen antibiotisch wirksamen Substanzen. Pflanzen schaffen es seit jeher, sich vor Mikroorganismen zu schützen, ihre Vielstoffgemische und Wirkstoffe haben ein hohes, antibiotisches Potential. Forscher suchen im Pflanzenreich heute intensiv nach neuen Antibiotika. Neben den unspezifischen, die Selbstheilung anregenden, pflanzlichen Wirkstoffen gibt es auch die unmittelbare antimikrobielle Wirkung bestimmter Heilpflanzenwirkstoffe. Hierzu zählen vor allem die Senfölglycoside und die ätherischen Öle. Synthetische Antibiotika können lebensrettend sein, aber wir haben es in nicht einmal 200 Jahren geschafft, Resistenzen zu fördern. Gegen pflanzliche Antibiotika haben sich dagegen in all den Jahrmillionen keine Resistenzen entwickelt.

SENFÖLGLYCOSIDE

Senfölglykoside wirken antibakteriell. Sie werden über die Nieren und die Lungen ausgeschieden und entfalten dort ihre größte Wirksamkeit. Das antibiotisch wirksame Senfölglykosid der **Kapuzinerkresse** zum Beispiel wirkt noch in einer Verdünnung von 1 : 50 000 antimikrobiell gegen viele pathogene, grampositive und -negative Bakterien. Resistenzen existieren keine. Der Verzehr von etwa 10 g Kapuzinerkresse führt beim Menschen zu einem antibiotischen Wirkspiegel im Urin. Senfölglykoside sind fantastische **Breitspektrum-Antibiotika**, die zusätzlich die immunologische Abwehrreaktion stimulieren. Sie sollten in der Tiermedizin häufiger angewendet werden.

SENFÖLGLYKOSIDE SIND ENTHALTEN IN:

— Meerrettich
— Kapuzinerkresse
— Gartenkresse
— Brunnenkresse
— Wiesenschaumkraut
— Brokkolisprossen
— und allen Kohlarten

ÄTHERISCHE ÖLE

Sie sind verantwortlich für die wunderbaren Düfte unserer Pflanzen (siehe S. 26 f.). Ätherische Öle werden als kleine Öltröpfchen in allen Pflanzenteilen gebildet und dienen den Pflanzen unter anderem zum Schutz vor Fraßfeinden und Infektionserregern. Sie wirken somit desinfizierend und keimhemmend. Sie sind fettlöslich und somit sehr leicht über alle Häute für den Körper aufzunehmen. Sie können über die Haut, die Nase, den Mund oder die Lunge aufgenommen und verabreicht werden.
Für die Therapie mit ätherischen Ölen ist es sehr wichtig, dass die Phytotherapie und die Aromatherapie unterschieden werden. Die Aromatherapie gehört in die Hände von Spezialisten.

☞ THERAPIEN MIT ÄTHERISCHEN ÖLEN

Phytotherapie	Therapie mit Pflanzen, die ätherische Öle enthalten
Aromatherapie	Therapie mit reinen, ätherischen Ölen

Das Senfölglykosid der Kapuzinerkresse wirkt antibiotisch.

AROMATOGRAMM

Einige ätherische Öle sind besonders stark keimhemmend und können innerlich und vor allem äußerlich sehr gut als Antibiotikaersatz eingesetzt werden.
Heute gibt es bereits die Möglichkeit, in einigen Labors ein sogenanntes Aromatogramm anfertigen zu lassen. Dabei werden Abstriche von Patienten, gleich dem Antibiogramm, angelegt und zunächst die entsprechenden Bakterien zur Diagnostik angereichert. Danach ist es möglich, festzustellen, welches ätherische Öl gegen die entsprechenden Bakterien eingesetzt werden kann. Dazu werden die mit den Bakterien beimpften Nährböden mit kleinen, ätherischen Öl-Plättchen bestückt. Der sogenannte Hemmhof, der sich um ein solches ätherisches Öl-Plättchen bildet, gibt Auskunft über die Wirksamkeit gegenüber dem Bakterium. So lässt sich heute als Pendant zum Antibiogramm ein Aromatogramm anlegen, das dem Phytotherapeuten erlaubt, das richtige und vor allem wirksame ätherische Öl gegen einen bestimmten Keim seines Patienten zu finden. Dies ist ein Verfahren, das gerade heute im Zeitalter der multiresistenten Keime deutlich öfter angewendet werden sollte. Einige große, humanmedizinische Kliniken haben diese Möglichkeit bereits für sich entdeckt und arbeiten heute ganz gezielt mit ätherischen Ölen gegen multiresistente Keime.
Vor allem dort, wo lokal antibiotisch behandelt werden soll, macht es Sinn, anstelle eines synthetischen Antibiotikums zu einem ätherischen Öl zu greifen.

ÄTHERISCHE ÖLE

Gute, in der Tiermedizin anwendbare, antibakteriell wirksame ätherische Öle sind:
- Lavendelöl
- Korianderöl
- Thymianöl
- Teebaumöl
- Manuka
- Oregano-Öl

Ätherische Öle, z. B. im Lavendel, sind stark keimhemmend.

ÜBERWINDUNG DES BIOFILMS

Eine besondere Funktion der ätherischen Öle ist ihre Möglichkeit, den sogenannten Biofilm der Bakterien zu überwinden. Bakterien schützen sich, indem sie sich mit einem speziellen, undurchdringbaren Medium umgeben. Das ist das große Problem der heute so gefürchteten Krankenhauskeime. Ätherische Öle überwinden diesen Schutzfilm und gelangen so zu den Bakterien. Hier haben sie dann eine Vielzahl Möglichkeiten entwickelt, um die Bakterien abzutöten. Sie stehen synthetischen Antibiotika in nichts nach. Denken Sie daran, wenn Sie beim nächsten Tierarztbesuch eine Antibiotikasalbe bekommen.
Gleiches gilt für die Behandlung von Pilzen. Korianderöl z. B. hemmt *Candida albicans* genauso wirksam wie Nystatin und Fluconazol (synthetische Antimykotika).

Korianderöl ist sehr wirksam bei der Bekämpfung von Pilzen.

PROPOLIS

Propolis, das Kittharz der Bienen, dient zum Schutz des Bienenstocks vor sämtlichen Erregern (Bakterien, Viren, Pilze). Propolis wird von den Bienen aus Harzen und Wachsen hergestellt, es enthält eine fast nicht zu entschlüsselnde Vielfalt an Wirkstoffen, die zusätzlich immer ortsabhängig ist. Dadurch ist es den Erregern unmöglich, Resistenzen gegen Propolis zu entwickeln. Propolis ist somit ein wunderbarer Ersatz für Antibiotika und kann auch bei einigen Pilzerkrankungen sehr gut eingesetzt werden. Wir müssen allerdings bei seiner Anwendung bedenken, dass es ein Stoff ist, der den Bienen entnommen wird. Bienen haben es heute schwer und wir müssen sie schützen. Deshalb sollten wir Propolis nur wenn nötig anwenden und seine Herkunft mit Sorgfalt prüfen.

WEITERE PHYTOBIOTIKA

Es gibt noch eine Vielzahl an sogenannten Phytobiotika – pflanzlichen Antibiotika. Da sich Pflanzen ständig mit Mikroben auseinandersetzen müssen, allein der Erdboden, in dem sie leben, enthält unzählige Bakterien, haben sie ihre eigenen Strategien und hocheffiziente, antibiotisch wirksame Inhaltsstoffe entwickelt. Diese können wir uns nutzbar machen. Beispiele hierfür sind:

- Allicin aus dem Knoblauch
- Arbutin aus der Bärentraube
- Aucubin aus dem Spitzwegerich
- Benzylsenföle aus den Kressen
- Flechtensäuren aus dem Isländisch Moos und der Bartflechte
- Hyperforin aus dem Johanniskraut
- Naphtochinone aus dem Sonnentau
- Saponine aus dem Efeu u.v.m.

WINTER
— *Zeit des Innehaltens*

Auch der Winter ist eine wunderbare Jahreszeit. Hier kann man auf getrocknete Heilpflanzen zurückgreifen.

MIT HEILPFLANZEN FIT DURCH DEN WINTER

Im Winter können Sie auf Ihren Heilpflanzenvorrat zurückgreifen, den Sie sich im Frühjahr und Sommer angelegt haben. Tinkturen, Tees, Salben und getrocknete Heilpflanzen bieten eine große Breite an Therapeutika, die Sie auch im Winter hervorragend nutzen können.

Apotheken bieten ebenfalls eine Vielzahl an Heilpflanzenzubereitungen für den Menschen, die Sie zum größten Teil auch für Ihren Hund anwenden können. Und auch der tiermedizinische Markt bietet heute erfreulicherweise immer mehr Präparate auf pflanzlicher Basis an.

WUNDE PFOTEN

Eis, Schnee und Streusalz machen Hundepfoten spröde und oft auch wund. Langes Fell zwischen den Zehen begünstigt die Bildung von Eisklumpen, die dann zusätzlich beim Laufen hindern und Druck ausüben. Einige Hunde leiden besonders stark unter Salz und Splitt, das auf unseren Wegen liegt. Schützen Sie Ihren Hund durch eine gute und wirksame Pfotensalbe. Sie können hierbei selbst kreativ werden und Ihre liebsten Wundheilpflanzen verwenden oder einfach die, die in Ihrer Umgebung wachsen. Verwenden Sie nur natürliche Produkte. Viele Fettsalben enthalten Fett auf Erdölbasis. Lieber nutzen Sie pflanzliche Öle und Bienenwachs.

PFOTENPFLEGEPFLANZEN

— Ringelblume
— Kamille
— Johanniskraut
— Sanddorn
— Schafgarbe
— Gänseblümchen
— Lavendel
— Beinwell
— Spitzwegerich

PFOTENPFLEGESALBE

- 100 ml Johanniskrautöl (am besten selbstgemacht) oder 90 ml Johanniskrautöl plus 10 ml Sanddornfruchtfleischöl
- 10 g Bienenwachs
- Hand voll Kräuter nach Belieben (getrocknet oder frisch, z. B. Ringelblumen, Gänseblümchen, Lavendelblüten, Kamille)
- 5 Tropfen ätherisches Lavendelöl

1. Geben Sie die Kräuter in das Öl und lassen Sie es ein bis zwei Tage stehen.
2. Erwärmen Sie das Öl langsam und behutsam.
3. Lassen Sie die Kräuter eine gute halbe Stunde im warmen Öl köcheln.
4. Seihen Sie die Kräuter ab und geben Sie das Bienenwachs hinzu.
5. Ist die Salbe etwas abgekühlt, dann geben Sie die ätherischen Lavendelöl-Tropfen hinzu.

Pflegen Sie die Pfoten Ihres Hundes täglich mit dieser Salbe.

ERBRECHEN

Winterzeit, Weihnachtszeit – eine Zeit, in der in vielen Tierarztpraxen das Notfalltelefon nicht mehr stillsteht. Schlemmerreiche Feiertage werden auch von Hunden oft genutzt und nicht selten endet ein Weihnachtsmenü im Magen des vierbeinigen Familienmitglieds, zum Leidwesen der Zweibeiner. Auch Schokoladenvergiftungen zur Weihnachtszeit sind häufig. Schokolade, oder besser Kakao, enthält Alkaloide, die uns Menschen süchtig machen, unseren Hunden allerdings schaden können. Derartige Eskapaden führen nicht selten zu Erbrechen. Sie sollten allerdings wissen, dass das Erbrechen in erster Linie keine zu beseitigende Erkrankung ist, sondern ein natürlicher Schutzmechanismus des Körpers. Erbricht Ihr Hund also die Weihnachtsgans oder den Schokoladenkuchen, dann sehen Sie dies als erwünschte und heilende Reaktion des Körpers an. Der Magen entlässt nur das, was ihm schadet.

Pflegen Sie die Pfoten Ihres Hundes vor allem im Winter mit Pflegesalben.

Viele Hunde fressen gern Schnee – doch nicht jeder verträgt ihn.

HILFE GEGEN ÜBELKEIT

— 1 Esslöffel Kamillenblüten
— 2 Esslöffel Leinsamen
— 50 g Hüttenkäse

1. Kamillenblüten zu Pulver mörsern,
2. mit einer kleinen Kaffeetasse kochendem Wasser übergießen und stehen lassen, bis der Kamillenbrei lauwarm ist.
3. Zeitgleich einen Leinsamenschleim ansetzen (den Leinsamen in ein halbes Glas Wasser geben und stehen lassen; bis der Kamillenbrei lauwarm ist, ist der Leinsamenschleim auch fertig).
4. Mischen Sie nun Leinsamenschleim (ohne Leinsamen) und Kamillenbrei mit Hüttenkäse und geben Sie diese Mischung Ihrem Hund.

SCHNEEGASTRITIS

Viele Hunde lieben den ersten frischen Schnee und häufig haben sie ihn zum Fressen gern, aber nicht alle vertragen ihn. Schnee kann die Magenschleimhaut stark reizen und zu einer kräftigen Magenschleimhautentzündung führen.
Eine Schneegastritis kann sich lange hinziehen und muss dann auch behandelt und beendet werden. Die gereizte Magenschleimhaut braucht nun Schutz und Pflege. Am besten lassen Sie Ihren Hund einen Tag lang nüchtern und geben ihm immer wieder in kleinen Schlucken einen Kamillentee ein. Empfindliche Hunde reagieren auf nüchternen Magen und sollten deshalb lieber schnell wieder angefüttert werden. Hierzu eignen sich schleimhaltige und entzündungshemmende Pflanzen und sehr leicht verdau-

liche Kost (siehe auch S. 92 ff.). Haferschleim, Reisschleim, Hüttenkäse und Leinsamenschleim, Malventee oder Eibischtee lassen sich jetzt wunderbar in mehreren kleinen Mengen über den Tag verteilt füttern. Verweigert Ihr Hund dies alles, dann kann sein Hunger nicht allzu groß sein und ein Fastentag wird ihm nicht schaden.
Bei länger anhaltendem Erbrechen oder bei stark verschlechtertem Allgemeinbefinden gehen Sie mit Ihrem Hund zum Tierarzt. Neuerdings gibt es beim Tierarzt eine wunderbare Kombination aus Schafgarbe, Kamille und Minze, welche bei Gastritiden hervorragend wirkt.

ERKÄLTUNG

Auch Hunde erkälten sich bei nasskaltem Winterwetter. Sollte Ihr Hund dazu neigen, dann beginnen Sie frühzeitig damit, sein Immunsystem für den Winter zu stärken. Vielleicht haben Sie im Sommer bereits eine Immuntinktur hergestellt (siehe S. 149)? Oder Sie haben ein Echinaceapräparat von Ihrem Phytotherapeuten bekommen? Ganz wichtig ist jetzt die richtige Anwendung einer Immunstimulationstherapie. Pflanzen, die das Immunsystem stimulieren, können bei unsachgemäßer Anwendung eine unschöne Wirkung haben. Sie sind bei zu langer Anwendung in der Lage, das Immunsystem genau in die entgegengesetzte Richtung zu modulieren, und haben dann nicht mehr den erwünschten Effekt (siehe S. 147 ff.). Darum ist es wichtig, immunmodulierende Pflanzen immer nur als sogenannte Stoßtherapie über einen kurzen Zeitraum zu geben. Lieber diese Stoßtherapie einige Male wiederholen, aber niemals zu lange am Stück geben. Geben Sie Ihrem Hund z. B. das Echinaceapräparat über einen Zeitraum von höchstens 5 Tagen, dann machen Sie eine Pause von einer Woche und geben es dann nochmals 5 Tage. So wird das Immunsystem Ihres Hundes angekurbelt. Halten Sie sich bei Immuntherapeutika an die Angaben Ihres Therapeuten.

HEILPFLANZEN BEI ERKÄLTUNG

Hat es den Hund trotzdem erwischt und er hat eine Erkältung, dann lässt auch diese sich in den meisten Fällen wunderbar mit Heilpflanzen behandeln. Stoßen Sie auch hier das Immunsystem kurz und kräftig an. Beispielsweise mit Echinacea oder Wasserdostpräparaten. Auch die Kapland-Pelargonie (Umckaloabo) eignet sich wunderbar als Immuntherapie, sie ist zusätzlich noch wirksam gegen Viren. Mag Ihr Hund Honig, dann lassen Sie ihn 3-mal täglich einen Tee- oder Esslöffel Honig schlecken.
Bei Husten verwenden Sie Ihren selbst hergestellten Hustensaft (siehe S. 153) oder kaufen bei Ihrem Tierarzt oder in der Apotheke einen Saft auf der Basis von Thymian und Efeu. Auch Spitzwegerichsaft wirkt sehr gut bei unseren Hunden. Usnea babata – eine Flechtenart – enthält ebenfalls hochwirksame, antibiotisch wirkende Stoffe. Sie erhalten ein sehr gutes Präparat bei PerNaturam, das als pflanzliches Antibiotikum eingesetzt werden kann.
Auch hier gilt: Besteht die Erkrankung über einige Tage und ist das Allgemeinbefinden Ihres Hundes stark gestört, hat Ihr Hund Fieber, dann suchen Sie Ihren Tierarzt auf.

BAKTERIELLE SEKUNDÄRINFEKTION

Gegen bakterielle Sekundärinfektionen bietet die Natur eine große Bandbreite an pflanzlichen Antibiotika. Angocin AntiInfekt®, ein humanmedizinisches Präparat, das Sie frei in der Apotheke bekommen, enthält Meerrettich und Kapuzinerkresse. Es ist ein sehr gut wirksames Antibiotikum und stimuliert noch dazu das Immunsystem. Geben Sie Ihrem Hund davon 1- bis 3-mal täglich 1 Tablette.

VERHALTENSPROBLEME BEIM HUND

Manche Verhaltensweisen unserer Hunde passen nicht in unseren Alltag und können durch Training verbessert werden. Es gibt aber auch Verhaltensweisen, die Stress und Unwohlsein bedeuten.

ANGST VOR FEUERWERK

Viele Hundebesitzer kennen das und es ist für die betroffenen Hunde immer wieder jährlich eine Qual. Hat ein Hund erst einmal diese Erfahrung gemacht und leidet unter großer Angst, dann hilft fast nichts mehr. Wichtig ist in erster Linie das souveräne und nicht bestärkende Verhalten des Besitzers. Trösten Sie Ihren Hund nicht, sondern vermitteln Sie ihm durch Ihre ruhige und entspannte Art, dass alles in Ordnung ist. Oft kann es hilfreich sein, sich bei solchen Angstproblemen professionelle Hilfe eines Hundetrainers oder Verhaltenstherapeuten zu holen. Es gibt unzählige Mittelchen und Helferlein, aber nicht jedes Mittelchen hilft jedem Hund. Verhaltenstraining, Bachblüten, Aminosäurepräparate, Lärm-Audio-CDs und Pheromonhalsbänder gehören dazu.

Baldrian wächst in Deutschland an sehr vielen Stellen. Sie finden ihn an Wegrändern und Bachläufen.

BERUHIGUNGSMITTEL

Oft bitten mich verzweifelte Hundebesitzer um ein Beruhigungsmittel, das den Hund sedieren soll. Dies ist im Einzelfall auch sinnvoll und möglich, birgt aber immer ein gewisses Risiko, und natürlich ist es besser, eine verträgliche Variante zu versuchen. Klassische Sedativa, die den Hund beruhigen, sorgen meist nur dafür, dass der Hund sich nicht mehr ausdrücken und seine Gefühle zeigen kann. Für den Besitzer macht es den Eindruck als ob der Hund entspannt sei, innerlich hat er aber Angst und kann diese nur nicht mehr ausdrücken. Das ist grausam, uneffektiv, weil es die Angst nur noch mehr verstärkt und es ist sogar tierschutzrelevant. Hier kann die Phytotherapie Hilfe leisten.

BALDRIAN – S. 125

Sehr gute Erfolge haben Phytotherapeuten mit entspannenden und beruhigenden Heilpflanzen wie z. B. dem Baldrian. Wichtig sind hierbei die exakte Dosierung und eine längere Gabe vor dem beängstigenden Ereignis. Ein 20 kg Hund bekommt eine Woche vor Silvester täglich 400 mg Baldrian. Möglich sind hierbei Kapseln, Tabletten oder Tinkturen.
Sehr sinnvoll und dazu sehr effektiv ist es, zusätzlich mit Baldrianwurzel direkt zu arbeiten. Besorgen Sie sich Baldrianwurzeln aus der Apotheke. Eine Woche vor Silvester beginnen Sie, am Morgen einen Teelöffel Baldrianwurzel in ein Glas kaltes Wasser zu geben. Am Abend erwärmen Sie das Glas Wasser kurz (nicht kochen) und geben es dann (ohne Wurzeln) in das Futter Ihres Hundes.
Es gibt viele Baldrian-Präparate auf dem Markt, besprechen Sie mit Ihrem Phytotherapeuten das richtige Mittel für Ihren Hund.
In meiner Praxis hat sich ein Präparat von der Firma Kytta bewährt. Es enthält Baldrian, Hopfen und Passionsblume. Ein 20 kg schwerer Hund erhält 1- bis 3-mal täglich eine Kapsel.

ECHTES JOHANNISKRAUT – S. 128

Johanniskraut ist in der Humanmedizin als sehr gut wirksames Antidepressivum bekannt. Es kann auch begleitend zur Verhaltenstherapie bei Hunden eingesetzt werden. Zusätzlich zur Stimmungsaufhellung wirkt Johanniskraut angstlösend.
In der Humanmedizin gibt es viele sehr gute Johanniskrautpräparate in Form von Kapseln und Tabletten. Fragen Sie Ihren Phytotherapeuten nach einem geeigneten Präparat. Ein Hund mit 20 kg bekommt hier einmal täglich 400 mg.

KAVAKAVA

KavaKava ist eine Pfefferart, die ausgezeichnet angstlösend wirken kann. Wichtig sind die korrekte Anwendung und die Wahl eines guten Präparates. Mittlerweile gibt es sehr gute humanmedizinische und tiermedizinische Präparate. Studien aus der Humanmedizin zeigen, dass KavaKava eine angstlösende Wirkung wie Valium hat und in einigen Altenheimen wird es bereits stattdessen angewendet. Vorteil des KavaKava-Extraktes ist, dass er recht schnell und kurzfristig wirkt und somit auch an Silvester gut angewendet werden kann. Ein sehr gutes Präparat ist Calmex®, das Sie bei Ihrem Tierarzt erhalten.

Mit Heilpflanzen gesund durch den Winter.

VERHALTENSTHERAPIE MIT ÄTHERISCHEN ÖLEN

Ätherische Öle lassen sich ausgezeichnet in der Verhaltenstherapie anwenden. Zum einen haben sie immer auch einen auf körperlicher Ebene wirkenden Effekt, sie werden direkt über Haut und Schleimhaut aufgenommen, gelangen so ins Blut und wirken hier auf biochemischer Ebene. Zusätzlich haben sie eine Wirkung auf den mentalen und geistigen Zustand des Patienten. Ätherische Öle wirken bei psychischen und psychosomatischen Beschwerden aktivierend, stimulierend, antidepressiv, aufmunternd, beruhigend, stressabbauend, schlafördernd, entspannend, nervenstärkend, harmonisierend und angstlösend.

ANGSTLÖSENDE ÄTHERISCHE ÖLE

Besonders angstlösend wirken die ätherischen Öle von Bitterorange, Basilikum, Bergamotte, Jasmin, Kamille, Lavendel, Majoran und Ylang-Ylang. Hunde haben ca. 230 Millionen Sinneszellen im Riechepithel der Nase auf einer Fläche von ca. 85 cm^2. Im Gegensatz dazu hat der Mensch auf einer Fläche von 5 cm^2 nur ca. 10 Millionen Sinneszellen. Hunde nehmen Gerüche sehr viel intensiver wahr. Sie lassen sich daher ausgezeichnet mit Duftstoffen konditionieren.

Das Öl des Lavendels hilft bei Angstzuständen.

TRENNUNGSANGST

Trennungsangst ist ein sehr ernst zu nehmendes Problem. Nicht nur, dass in Ihrer Wohnung einiges zu Bruch gehen kann, Tapeten oder Polstermöbel kaputt gemacht werden oder die Nachbarn den Lärm nicht mehr ertragen. Der Hund leidet stark unter dieser panischen Angst. Es ist einer der größten Stressfaktoren für ihn. Trennungsangst muss immer behandelt werden, und es ist sinnvoll, sich hierbei von einem Fachmann helfen zu lassen. Zusätzlich zu einer sinnvollen Verhaltenstherapie und Änderung einiger eigener Verhaltensweisen kann die olfaktorische Konditionierung gute Hilfe leisten.
Ätherisches Lavendelöl eignet sich sehr gut, es ist preisgünstig und wird von Hunden gut akzeptiert. Es kann auch zusätzlich oral als Aromatherapeutikum angewendet werden. Hierzu verschreibt der Phytotherapeut ein geeignetes Präparat, z. B. in Kapselform.
Lavendel wirkt bei oraler Gabe stimmungsaufhellend, entspannend und angstlösend.

OLFAKTORISCHE KONDITIONIERUNG

Zur olfaktorischen Konditionierung wird das ätherische Öl als Aromatherapie angewendet. Hierzu wird der Hund immer wieder in sehr entspannten Momenten mit diesem Duft konfrontiert. Es ist möglich, einen Tropfen Lavendelöl auf seine Kuscheldecke zu geben und diese immer in besonders entspannten Momenten zu ihm zu legen. Massieren Sie den Hund oder streicheln Sie ihn. Liegt er absolut entspannt und ist kurz vor dem Einschlafen, dann geben Sie das Tuch oder die Decke dazu. Später betupfen Sie ein Halstuch mit dem ätherischen Lavendelöl und legen dies dem Hund an. Jedes Mal, wenn er in diese besonders entspannende Situation kommt, legen Sie ihm das duftende Halstuch an. Irgendwann ist das Halstuch mit dem Duft für Ihren Hund das Signal für eine entspannte und angstfreie Situa-

Eine Aromatherapie hilft beim Entspannen. Das Öl kann z. B. auf ein Halstuch aufgebracht werden.

tion. Geben Sie nur einen verdünnten Tropfen Öl auf das Tuch (1 : 10 verdünnen mit Mandelöl). Nach einigen Wochen ist Ihr Hund so weit, dass das Halstuch mit dem Duft bei ihm automatisch einen angstfreien und entspannten Zustand hervorruft. Nun können Sie beginnen, Ihr „Allein-lass-Training" mit diesem Halstuch zu üben. Die geruchliche Konditionierung auf einen angstfreien und entspannten Zustand erleichtert das Training ungemein.

ADAPTOGENE

Adaptogene werden in der Verhaltenstherapeutischen Phytopraxis gern verwendet. Als Adaptogen wird eine Substanz bezeichnet, die die Widerstandskraft des Körpers gegen Stressfaktoren verbessert. Diese Stressfaktoren können physikalische, umweltbedingte, emotionale oder biologische Ursachen haben. Ein Adaptogen ist somit eine Heilpflanze, die die Belastbarkeit und die Widerstandskraft gegen Stress verbessert. Auch nach Operationen, in Angstsituationen wie z. B. einem Tierheim- oder Tierpensionsaufenthalt, zur Rekonvaleszenz nach langer Krankheit können diese Pflanzen sehr gute Dienste leisten. Auch alten Hunden tun diese Pflanzen sehr gut und somit lassen sie sich wunderbar in die Behandlung des geriatrischen Patienten mit einbeziehen.
Adaptogene werden u. a. auch Verjüngungsmittel genannt und sind sehr in Mode gekommen. Ursprünglich für Soldaten gesucht und untersucht, werden sie heutzutage überall zur Leistungsförderung angeboten.

ADAPTOGENE HEILPFLANZEN

- Rosenwurz – sehr gut geeignet für Hunde, deren Stressresistenz viel zu niedrig ist, Rosenwurz entspannt.
- Jiaogulan
- Schisandra
- Ginseng

Gerade die kalte Jahreszeit macht alten Hunden mit Gelenkproblemen zu schaffen.

BEWEGUNGSAPPARAT

Heute haben sehr viele Hunde Probleme mit dem Bewegungsapparat. Viele Faktoren spielen dabei eine Rolle – Rassezucht, mangelnde Bewegung, falsche Ernährung, Hochleistungssport, Alters- und Verschleißerscheinungen.

Die klassische Schulmedizin kennt einzig Schmerzmittel und da, wo es möglich ist, die Chirurgie. Schmerzmanagement ist enorm wichtig, aber es muss längst nicht so einseitig aussehen, wie die Schulmedizin es vorgibt. Jeder Patient benötigt eine ihm angepasste Schmerztherapie und chronische Schmerzen benötigen Alternativen zur Schulmedizin.
Die heutigen Schmerzmittel sind alle bei langfristigem Gebrauch mit Nebenwirkungen behaftet. Dies wird von einigen Tierärzten und Pharmaunternehmen zwar immer wieder geleugnet, und viele Hunde leben ganz einfach nicht so lang, dass Nebenwirkungen zu ihrer Lebenszeit noch gesehen würden. Dennoch ist es eine Tatsache, dass alle diese Medikamente, auf Dauer gegeben, schädliche Wirkungen auf den Organismus haben. Häufig werden neu auftretende Symptome gar nicht mit den langfristig gegebenen Schmerzmitteln in Verbindung gebracht. Sie belasten die Schleimhaut des Magen- und Darmtrakts, sie wirken immunsuppressiv, gerinnungshemmend und sie belasten alle die Leber und/oder Nieren. Viele Schmerzmittel führen zu Gerinnungsstörungen und vor allem die Schmerzmittel der neuen Generation stehen im Verdacht, Herzinfarkte auszulösen. **Darum gilt – Schmerzmittel nur dann, wenn sie nötig sind!**

CHRONISCHE SCHMERZEN

Bei chronischem Schmerz und bei degenerativen Erkrankungen des Bewegungsapparates sollte immer nach Alternativen gesucht werden. Zumindest sollte dann der Gebrauch von Schmerzmitteln auf ein Minimum herabgesetzt werden oder erst dann Anwendung finden, wenn alle anderen Therapien nicht mehr anschlagen. Kein Tier soll Schmerzen leiden, aber es gibt eine große Auswahl an Schmerztherapien und sehr viele gute Alternativen. Physiotherapie, Kraniosakraltherapie, Osteopathie, Wärme-und-Kälte-Therapie, Akupunktur, Neuraltherapie, Magnetfeldtherapie und Phytotherapie sind ein kleiner Teil davon. Besonders bei altersbedingten Schmerzen, die aus degenerativen Erkrankungen bestehen, und bei chronischen Schmerzen sollte immer ein Phytotherapeutikum versucht werden. Sprechen Sie Ihren Tierarzt auf alternative Schmerzbehandlungen an und seien Sie geduldig, manchmal dauert es eine Weile, bis man die Therapie gefunden hat, die dem eigenen Hund hilft. Auch wirken diese Maßnahmen meist nicht so schnell wie synthetische Schmerzmittel, dafür aber langanhaltend, regulierend und vor allem nicht schädigend. Selbstverständlich erhalten Hunde im akuten Schmerzfall ein synthetisches Schmerzmittel, chronische Schmerzen lassen sich allerdings hervorragend naturheilkundlich medikamentös und physikalisch behandeln.

BEWEGUNGSAPPARAT DES ALTEN HUNDES

Beim alten Hund sollte außerdem herausgefunden werden, ob seine veränderte Gangart tatsächlich mit Schmerzen einhergeht, oder ob es eine funktionelle oder neurologische, nicht schmerzhafte, Veränderung ist. Schleifende Hintergliedmaßen, die durch eine Degeneration der Nerven hervorgerufen wird, müssen nicht zwangsläufig schmerzhaft sein. Ganz besonders der alte Hund profitiert ungemein von einer physiotherapeutischen Behandlung. Physiotherapien, in Kombination mit sinnvoller und wirkungsstarker Phytotherapie, ergänzen sich wunderbar.

Alte Hunde benötigen viel Aufmerksamkeit und eine besondere Pflege.

PHYTOTHERAPIE BEI SCHMERZEN

Die Natur verfügt über einige hervorragende schmerzlindernde Stoffe. Viele schmerzlindernde Heilpflanzen sind bekannt, leider wird deren Ruf besonders in der Tiermedizin, durch unsachgemäßen Gebrauch und dadurch bedingte unbefriedigende Ergebnisse, immer schlechter. Dies zu Unrecht, wenn man bedenkt, dass viele synthetische Schmerzmittel pflanzliche Wirkstoffe zum Vorbild haben. Der Markt bietet heute eine Vielzahl an pflanzlichen Schmerzmitteln. **Teufelskralle, Weidenrinde und Co.** sind in Mode und in vielen Nahrungsergänzern zu finden. Fachgeschäfte für Heimtierbedarf bieten heute eine große Auswahl an diesen „Ergänzern". Leider ist deren Qualität meist so schlecht, dass es nicht zur erwünschten Schmerzausschaltung kommt. Besonders bei diesen Pflanzen und der Indikation Schmerz ist es wichtig, auf standardisierte, gute Präparate zurückzugreifen.

EINTEILUNG VON SCHMERZ

Akuter Schmerz Er dient als Schutz- und Warnfunktion. Kommt schnell und vergeht meist auch wieder schnell. Hunde haben akute Schmerzen nach Unfällen, Beißereien, anderen Verletzungen oder Operationen. Diese sollten immer mit einem guten, schnell wirkenden Schmerzmittel ausgeschaltet werden. In den meisten Fällen werden hier synthetische Schmerzmittel wie NSAIDS (nicht steroidale Antiphlogistika), Kortikosteroide oder Opiate angewendet.

Chronische Schmerzen Sie stellen eine starke Beeinträchtigung der Lebensqualität dar. Bei Hunden sind es meist Schmerzen als Folge degenerativer Verschleißerkrankungen der Gelenke. Diese Form der Schmerzen lässt sich am besten ganzheitlich behandeln.
Nicht vergessen sollte man bei der Auswahl der Therapie die Behandlung der Grunderkrankungen. So sollte z. B. bei einem schmerzhaften Arthritis-Schub nicht der gesamte Organismus vergessen werden. Solche Patienten reagieren erstaunlich gut auf eine allgemeine „Entgiftungskur", Lebertherapie oder eine Darmsanierung. Wundern Sie sich also nicht, wenn Ihr Phytotherapeut die Schmerzen Ihres Hundes mit einem Leberpräparat behandeln möchte. Nicht umsonst sind viele alte, traditionell volksheilkundlich genutzte Heilpflanzen in ihrem Einsatzgebiet sehr umfassend. Stoffwechselanregende Heilpflanzen wie Brennnessel, Löwenzahn und Co. wurden auch schon früher bei Gelenkbeschwerden wie Rheuma und Arthrose gegeben. Heute nennt man diese Pflanzen **Antidyskratika – Blutreinigungsmittel**.

Starke chronische Schmerzen wie z. B. Tumorschmerzen kommen bei unseren Hunden meist nicht vor, da eine solche Behandlung in manchem Fall tierschutzrelevant würde und ein solcher Patient lieber eingeschläfert werden sollte.

SCHMERZLINDERNDE HEILPFLANZEN

WEIDENRINDE

Die Weide enthält Salicylalkoholderivate, dies sind Wirkstoffe, die heute jeder in Form von Aspirin® kennt. Salicine wirken fiebersenkend, entzündungshemmend, knorpelschützend und schmerzlindernd.
Vorteil der Weidenrinde ist, dass sie die Nebenwirkungen eines synthetischen Schmerzmittels nicht hat. Der Wirkstoff liegt in der Pflanze als sogenanntes Prodrug vor und wird erst im Darm zu dem eigentlichen Wirkstoff umgebaut. Dies dauert etwas länger, dafür ist die Wirksamkeit beim Menschen langanhaltend. Unsere Hunde hingegen bauen den Wirkstoff schneller ab, dies sollte man bei der Dosierung beachten.

Anwendung Weidenrinde eignet sich für unsere Hunde hervorragend als Schmerzmittel bei chronischer Arthrose, Arthritis-Schmerzen und anderen Gelenkschmerzen. Die Weidenrinde und ihre Zubereitungen werden von Hunden sehr gut vertragen, was allerdings nicht für die synthetisch hergestellte Acetylsalicylsäure gilt. Sie sollten Ihrem Hund niemals eigenständig Aspirin® verabreichen. Die Monosubstanz Acetylsalicylsäure hat einige sehr unschöne Nebenwirkungen, die ganz besonders beim Hund ausgeprägt sind. Es kommt beim Hund häufig zu Magen-Darm-Schleimhautblutungen und Schleimhautgeschwüren, außerdem zu Gerinnungsstörungen und auch die Niere wird stark belastet. Interessant ist, dass der natürliche und ursprüngliche Wirkstoff in seiner Gesamtkombination in der Pflanze alle diese Nebenwirkungen nicht aufweist. Nicht nur, dass das Salicin in seiner Form in der Pflanze diese unerwünschten Eigenschaften nicht hat, die Pflanze bietet zusätzlich eine Vielzahl von positiven Substanzen, die den Organismus schützen, wie z. B. Schleimstoffe und Flavonoide.

Es sind mittlerweile einige Präparate für Hunde auf dem tiermedizinischen Markt wie z. B. das PetDolor® der Firma PlantaVet, das auch gut bei akutem Schmerzgeschehen eingesetzt werden kann. Hierzu ist allerdings eine ausreichend hohe Dosierung nötig und eventuell eine zweimalige Gabe pro Tag. Die Dosierung von Schmerzmitteln ist immer individuell sehr unterschiedlich.

Die Brennnessel besitzt antiarthrotische Eigenschaften.

MÄDESÜSS – S. 133

Auch das Mädesüß, das in den Sommermonaten an unseren Bächen und Wiesen häufig vorkommt, enthält Salycilate in großer Menge. Es wirkt ebenfalls entzündungshemmend, fiebersenkend und schmerzlindernd. Sammeln Sie im Sommer Mädesüßblüten und trocknen Sie diese. So haben Sie immer einen Schmerztee auf Vorrat. Zu Pulver gemörsert, können Sie diese Blüten Ihrem Hund unter das Futter mischen. Es ist ein mildes, aber langfristig effektives Schmerztherapeutikum.

TEUFELSKRALLE

Die Teufelskralle ist ein Beispiel dafür, wie wichtig es ist, das richtige Präparat anzuwenden. Auf dem Markt existieren unzählige Teufelskrallenpräparate, aber nur eine Hand voll von ihnen enthält überhaupt die entsprechenden Wirkstoffe (Harpagoside). Außerdem wird an der Natur in Afrika ein derartiger Raubbau betrieben, um an diese begehrte Pflanze heranzukommen, dass man sich genau überlegen sollte, von welchem Lieferanten man Teufelskralle beziehen möchte. Im richtigen Präparat wirkt die Teufelskralle wunderbar gegen rheumatische Schmerzen, Entzündungen, Schwellungen, Schmerzen und stoffwechselanregend.
Langfristig eingenommen, eignet sich die Teufelskralle sehr gut bei Arthrosen, Rückenschmerzen, Bandscheibenproblemen und anderen degenerativen Gelenkerkrankungen. Lassen Sie sich bezüglich eines geeigneten Präparates beraten und greifen Sie zu standardisierten Präparaten aus der Apotheke (z. B. ArthroRegen PlantaVet®, Harpagoforte ASmedic®, Teufelskralle ratiopharm®). Die meisten Nahrungsergänzer mit Teufelskralle haben eine sehr schlechte Qualität.

PESTWURZ

Die Pestwurz wirkt sehr stark krampflösend, schmerzlindernd und entzündungshemmend. Die Kontraktion von glatten Muskelzellen wird gehemmt, dadurch eignet sie sich sehr gut bei Krämpfen an den inneren Organen, hier ganz besonders der Blase. Sie wird in der Humanmedizin gegen Migräneschmerzen mit sehr großem Erfolg angewendet. **Auch hier ist es sehr wichtig, dass Sie sich von einem erfahrenen Therapeuten das richtige Präparat geben lassen, denn die Pestwurz sollten Sie niemals selbst zubereiten und anwenden!** Sie kann in falscher Dosierung und Anwendung starke Nebenwirkungen haben.
Die Pestwurz gehört zu den Pflanzen, die Pyrrolizidinalkaloide (PA) enthalten. Stoffe, die bei unsachgemäßer Anwendung die Leber schädigen können. Daher ist es wichtig, die Pestwurz im standardisierten, PA-freien Präparat (z. B. Petadolex® oder Petasites D6 DHU®) anzuwenden. Tiermedizinisch bewährt sich das Pestwurzpräparat bei spastischen Blasenschmerzen und chronischen Lungenerkrankungen zur Lösung und Entkrampfung der Bronchien.

WEIHRAUCH – S. 187

Der Weihrauch enthält Inhaltsstoffe (Boswelliasäuren), die stark entzündungs- und schmerzhemmend wirken. Er wird in der Humanmedizin schon lange angewendet, unter anderem bei chronischer Darmentzündung, aber auch bei Schmerzen des Bewegungsapparates, vor allem bei rheumatischen Erkrankungen. Auch bei Hunden leistet er in diesen beiden Bereichen sehr gute Dienste.
Heute findet man ihn in einigen Zusatzfuttermitteln oder Ergänzungspräparaten. Auch beim Weihrauch ist die richtige Dosierung und die richtige Sorte und Herkunft enorm wichtig. Daher ist es auch hier besser, sich ein Präparat aus der Apotheke zu besorgen. Sehr bewährt haben sich die Präparate der Firma Gall aus der Schweiz. Ein 10 kg schwerer Hund bekommt ein- bis zweimal täglich 400 mg.
Wichtig bei der Auswahl eines Weihrauchpräparates ist im Namen der Zusatz H 15. Er beschreibt eine bestimmte Gewinnungs- und Herstellungsart, mit der der entsprechende Wirkstoffgehalt gewährleistet ist.

SCHMERZTINKTUR SELBST HERSTELLEN

01 Die Wurzeln des Mädesüß schmecken einzigartig und enthalten schmerzlindernde Salicylsäure.

02 Sie können die Wurzeln trocknen oder frisch als Tee verwenden.

— Hand voll Mädesüßkraut mit Wurzel
— Hand voll Pappelknospen
— Hand voll Brennnesseln
— Hand voll Ackerstiefmütterchen
— 2 Kardenwurzeln

Wurzeln waschen, trocknen und klein schneiden. Alles zusammen in einem Mörser zu Brei mörsern und in ein großes Glas geben. Mit Doppelkorn auffüllen und drei Wochen stehen lassen (täglich schütteln). Dann abseihen und in kleine braune Flaschen mit Pipette füllen.

Bei chronischen Gelenkschmerzen: 2-mal täglich 5 bis 10 Tropfen in das Maul geben.

Das starke, kräftige Blatt des Beinwells enthält sehr viele Schleimstoffe, ebenso seine Wurzel.

BEINWELL – S. 126

In Studien konnte gezeigt werden, dass die Wirksamkeit von Beinwell der synthetischer Sportsalben in nichts nachsteht (es wurde Beinwell mit Diclofenac verglichen). Der Beinwell enthält eine interessante Mischung an Wirkstoffen: Schleimstoffe, Gerbstoffe und das wichtige Allantoin. Allantoin fördert die Bildung von neuem Gewebe und auch von Knochengewebe. Somit wirkt der Beinwell schmerzlindernd, entzündungshemmend, wundreinigend, er fördert die Bildung von Knochengewebe und regt die Zellneubildung an.
Äußerlich wird der Beinwell bei Wunden und Verletzungen angewendet, ebenso bei Knochenbrüchen, Sehnen- oder Muskelschmerzen und Verletzungen. Durch das Fell unserer Hunde ist die äußerliche Anwendung etwas erschwert. So sollte die zu behandelnde Region ausgeschoren werden oder mit Tinkturverbänden gearbeitet werden.

Äußerliche Anwendung Sie können die Wurzel direkt anwenden. Dazu graben Sie entweder frische Wurzeln aus oder nehmen getrocknete Wurzelstücke aus der Apotheke. Zerstampfen Sie die Wurzel zu einem Brei oder Pulver und geben Sie dem Pulver Wasser hinzu. Es entsteht ein schleimiger Brei. Diesen geben Sie nicht direkt auf das Fell Ihres Hundes, da er extrem klebt, sondern legen eine Mullkompresse auf die zu behandelnde Stelle und geben den Brei darauf. Machen Sie so einen Beinwellverband und belassen Sie ihn einige Stunden (siehe S. 90). Alternativ können Sie Beinwelltinktur mit Wasser verdünnen, eine Mullkompresse damit tränken und diesen auf die Stelle geben. Geschorene Haut können Sie auch mit einer Beinwellsalbe, gekauft oder selbst hergestellt, behandeln. Vorsicht: Die frei verkäufliche und sehr wirkungsvolle Kytta®-Salbe hat bei vielen Hunden zu einem lokalen, vorübergehenden Fellverlust geführt.

MISTEL

Die Mistel ist den meisten Menschen als Krebstherapeutikum oder als Blutdrucksenker bekannt. Sie hat allerdings noch eine andere, sehr interessante Wirkung: Sie wird als unspezifische Reiztherapie bei degenerativ-entzündlichen Gelenkerkrankungen angewendet. Hierbei wird sie unter die Haut rund um das entzündete Gelenk injiziert. Diese Reiztherapie wirkt stark entzündungs- und schmerzhemmend. Dieses sogenannte „Quaddeln" von Mistelpräparaten ist eine wunderbare Möglichkeit, dem alten Hund mit Arthroseschmerzen zu helfen.

HAGEBUTTE

In Hagebuttenpulver, das meist angeboten wird, wir die Frucht verarbeitet. Sie ist sehr gesund und ein gutes Nahrungsergänzungsmittel. Falsch ist allerdings, dass solche Präparate schmerzlindernd oder gut für die Gelenke sein sollen.
Um eine entzündungshemmende und vor allem auf die Gelenke abgezielte Wirkung zu erhalten, braucht es einen bestimmten Extrakt des Hagebuttenkerns. Auch diese Präparate gibt es, vor allem im humanmedizinischen Bereich. Diese Hagebuttenkernextrakte haben sich bei Gelenkentzündungen ausgezeichnet bewährt. Humanmedizinisch ist es das Produkt Litozin®, das als Pulver, Kapseln oder Tabletten auf dem Markt ist.

BRENNNESSEL – S. 43

Die Brennnessel besitzt antiarthrotische und entzündungshemmende Eigenschaften und eignet sich sehr gut für eine innerliche Therapie bei schmerzhaften, degenerativen Gelenkerkrankungen. Am besten wirkt sie bei dieser Indikation in Form von Frischpflanzensaft, Presssaft oder in Tablettenform. Die Wirkstoffe der Brennnessel sind heute gut erforscht und es hat sich gezeigt, dass sie in der Lage ist, chronische Entzündungsprozesse zu stoppen. Durch das Zufüttern von Brennnesselmus oder Frischpflanzensaft (auch aus dem Reformhaus, z. B. von Florabio, Schöneberger oder Kneipp) können eindeutig Schmerzmittel eingespart und weniger hoch dosiert werden. Ein Präparat aus der Apotheke ist Natu-Lind® 600 mg, das sich sehr bewährt hat.

WILDE KARDE – S. 139

Auch Kardentinktur ist ein sehr gutes Mittel für alte Hunde mit Gelenkschmerzen. Sie können diese Tinktur selbst herstellen (siehe S. 85) oder in der Apotheke kaufen. Geben Sie davon 2- bis 3-mal täglich 5 bis 10 Tropfen.

ARNIKA

Jeder, der sich ein wenig mit der Homöopathie oder anderen naturheilkundlichen Heilmethoden auskennt, weiß um die Wirkung der Arnika. Sie wirkt gut bei akuten Traumata und schmerzlindernd, abschwellend und entzündungshemmend. Arnika wird gern innerlich in Form von Globuli angewendet, aber auch äußerlich in Form von Salben und Tinkturen wirkt sie sehr gut gegen akute Gelenkentzündungen. Wichtig ist bei ihrer Anwendung, dass Sie ein fertiges Präparat nutzen oder aber die Tinktur 10fach verdünnen, denn es kann bei zu hoher Dosierung zu Hautreizungen kommen.

HANF

Hanf ist glücklicherweise seit kurzem als Medizinalpflanze legalisiert worden. Er hat eine sehr alte Tradition als Heilpflanze fast überall auf der Welt. Hanf hat als Schmerz-, Entzündungs- und Nervenmittel ein unglaubliches Potential. Mensch und Tier verfügen über spezielle Rezeptoren im Körper, die auf die Wirkstoffe, Cannabinoide, des Hanfes reagieren. Diese Zellen sitzen unter anderem im Immunsystem, Nervensystem und in den Knorpelzellen. Hanf hat eine ausgezeichnete schmerzhemmende Wirkung und kann eingesetzt werden bei Hunden mit chronischen Schmerzen, Bandscheibenvorfällen, Cauda-Equina-Syndrom aber auch bei Epilepsie, chronischer Darmentzündung und Grünem Star. Erhältlich ist Hanf als hochwertiges CBD-Öl. Dieses Öl enthält so wenig des berauschenden THCs, dass es keine Bedenken in dieser Richtung gibt. Sie können damit keinen Rausch bei Ihrem Hund auslösen. CBD steht vor allem für den Wirkstoff Cannabidiol. Dieses Cannabinoid hat starke, medizinische Wirkung. Aktuell beschäftigen sich einige Forschungseinrichtungen, Universitäten und auch Pharmaunternehmen mit dem Hanf und in nächster Zukunft wird es ganz sicher immer mehr Hanfprodukte für die Tiermedizin geben. Und das zu Recht. Hanf ist eine ausgezeichnete Heilpflanze, die schon in vielen schwerwiegenden Krankheitsfällen Mensch sowie Hund hat helfen können.

HERZ

Unsere Hunde werden immer älter und sie bekommen dieselben umweltbedingten Erkrankungen wie der Mensch. Herz-Kreislauf-Erkrankungen nehmen immer mehr zu.

Nicht nur alte Hunde sind heute herzkrank, auch einige Rassehunde neigen zu schlimmen, angeborenen Herzerkrankungen. Aus der Humanmedizin weiß man, dass vor allem die frühzeitige Unterstützung des Herzens eine wichtige Rolle spielt. Lange Zeit war es dort, so wie heute noch in der Tiermedizin, Standard, erst das wirklich kranke Herz zu behandeln. In der Tiermedizin bekommen die Patienten bei erkennbarer Symptomatik heute ebenfalls Herzmedikamente wie ACE-Hemmer, Digitalisglykoside, Schleifendiuretika usw. Diese Medikamente sind dann sinnvoll, um ein Weiterschreiten der Herzerkrankung zu verlangsamen und um ihre Begleiterscheinungen zu vermindern.

PHYTOTHERAPEUTISCHE UNTERSTÜTZUNG

Wir sollten unsere Hunde allerdings besonders im Alter frühzeitig phytotherapeutisch gegen Herzerkrankungen unterstützen, bereits dann, wenn der Tierarzt beim jährlichen Check die Leistung des Herzens, den Puls oder die Durchblutung bemängelt. Oder wenn Sie merken, dass Ihr Hund in seiner Leistungsfähigkeit abnimmt, dann ist es Zeit für den Weißdorn. Dieser ist in der Lage, das alternde Herz in seiner Funktion und Lebenskraft zu unterstützen. Ganz ohne Nebenwirkungen können Sie so Ihrem Hundesenior etwas Gutes tun.

WEISSDORN – S. 139

Der Weißdorn gehört zu den bestuntersuchtesten Heilpflanzen überhaupt. Seine Wirkungen sind in der Humanmedizin lange bekannt und in vielen wissenschaftlichen Studien bewiesen. Er ist das wichtigste Herztherapeutikum, das die Natur zu bieten hat. Die Schulmedizin verwendet heute in der Herztherapie auch einige Wirkstoffe, die ihren Ursprung in Pflanzen hatten, wie z. B. Digitalis, ein Wirkstoff aus dem Fingerhut.

Der Weißdorn sollte in der Herztherapie frühzeitig eingesetzt werden. Auch präventiv bei alten Hunden wirkt er hervorragend. Sprechen Sie Ihren Tierarzt beim nächsten Alters-Check darauf an. Auch als Zusatztherapie zu schulmedizinischen Herztherapeutika findet er sinnvolle Anwendung. Häufig können so die Herzmedikamente niedriger dosiert werden und das Herz bleibt lange Zeit stark. Er hat keinerlei Nebenwirkungen und kann nicht überdosiert werden. Achten Sie beim Kauf auf die mg-Angabe und darauf, ob es ein reines Weißdornpräparat ist oder eine Mischung, in der eventuell zu wenig Weißdorn enthalten ist. Die Präparate aus der Humanmedizin sind hier oft deutlich besser als die tiermedizinischen.

Beispiele: Crataegutt®-Tabletten 450 mg (1 Tablette am Tag für einen 20 kg schweren Hund), Crataegut® DHU Urtinktur, Ceres Crataegus® Urtinktur, Crataegus® von PlantaVet u. v. m.

GLOBULI ODER TABLETTEN?

Immer wieder sehe ich in meiner Praxis, dass bei Hundehaltern ein großes Unwissen über die vielen alternativen Heilmethoden herrscht. Es werden Therapieformen einfach durcheinandergeworfen und oft wird die Phytotherapie mit der Homöopathie verwechselt. So kommen immer wieder Hundebesitzer in die Praxis, die eine Heilpflanze in Form von Globuli verabreichen wie z. B. auch den Weißdorn. Es ist wichtig zu wissen, dass Homöopathie und Phytotherapie zwei grundlegend verschiedene Therapieansätze sind.

HOMÖOPATHIE

Sie heilt auf der Ebene der Information oder Energie. Es werden, von einem guten Homöopathen, die passenden Mittel genau auf den Patienten abgestimmt gesucht. Dabei hat der Wirkstoff des Homöopathikums keine Bedeutung, denn die Theorie, die hinter der Homöopathie steckt, ist eine ganz andere. Sie basiert nicht auf pharmakologischen Wirkstoffen. Sie basiert auf Schwingung und Information. So kann bei der klassischen Homöopathie eine Pflanze eine komplett andere Wirkung haben als in der auf pharmakologischen Wirkstoffen basierenden Phytotherapie. Beide Therapieformen haben ihre Berechtigung und sie können beide, korrekt angewendet, Heilung anregen und Gesundheit erhalten.

PHYTOTHERAPIE

Dennoch ist es wichtig, zu verstehen, dass ein Phytotherapeut mit Wirkstoffen arbeitet, und dass z. B. bei einer Herzerkrankung der Phytotherapeut gern mit den Wirkstoffen des Weißdorns die Leistung des Herzens beeinflusst. Dies sind Mechanismen, die bis ins kleinste Detail pharmakologisch, biochemisch und physiologisch untersucht worden sind. In einigen Fällen lassen sich Phytotherapie und Homöopathie gut kombinieren, aber Sie müssen wissen, dass die Wirkung eines Weißdorn-Globuli eine ganz andere ist als die einer Tablette mit standardisiertem und untersuchtem Wirkstoffgehalt.

MONOSUBSTANZEN

Fingerhut, Maiglöckchen, Adonisröschen und Meerzwiebel sind Pflanzen, die nur von sehr erfahrenen Phytotherapeuten verwendet werden sollten, bzw. bei einigen von ihnen macht es durchaus Sinn, die standardisierte Monosubstanz aus der Pharmaindustrie (wie Digitalis) anzuwenden, da die Pflanze im Ganzen nicht dosierbar oder berechenbar ist. Hier sind es die Synthetika, denen der Vorzug gegeben werden sollte, da sie eine exakte Behandlung der Symptomatik erlauben. Bei solch drastisch wirkenden Pflanzen ist es besser, den Monosubstanzen zu vertrauen. Dennoch sollte eine phytotherapeutische Begleittherapie nicht fehlen.

Herzgespann hilft bei nervösen Herzbeschwerden.

☞ WEITERE HERZWIRKSAME HEILPFLANZEN

PFLANZE	WIRKUNG	ANWENDUNG
Fingerhut	Digitoxin und Digoxin bei Herzinsuffizienz	Einsatz von Reinsubstanzen ist der Anwendung von Drogenextrakten vorzuziehen, da Extrakte in ihrer Wirkung schwer zu kalkulieren sind!
Maiglöckchen	bei „Altersherz", wirkt beruhigend auf das Herz bei funktionellen Herzbeschwerden	Humanmedizinische Präparate, Homöopathie. Nur nach Absprache mit dem Therapeuten!
Adonisröschen	funktionelle und nervöse Herzbeschwerden, zu schnelles Herz, Herzschwäche	Humanmedizinische Präparate, Homöopathie. Nur nach Absprache mit dem Therapeuten!
Meerzwiebel	leichte Herzinsuffizienz, verminderte Nierenfunktion	Humanmedizinische und tiermedizinische Präparate, Homöopathie. Nur nach Absprache mit dem Therapeuten!
Herzgespann	nervöse Herzbeschwerden, auch bei Schilddrüsenproblemen begleitend	humanmedizinische Präparate, Homöopathie
Rosmarin	Herzkranzgefäße werden besser durchblutet, Schlagkraft steigt	humanmedizinische Präparate, Homöopathie
Oleander	bei Herzinsuffizienz und funktionellen Herzstörungen	Präparate nur nach Absprache mit dem Therapeuten verwenden!
Arnika	bei Herzschwäche (eher akut), zur Verbesserung der Herzdurchblutung	Präparate nur nach Absprache mit dem Therapeuten verwenden!
Mistel	Blutdrucksenker	nur dafür vorgesehene Präparate oder Tees verwenden
Kaffee	gegen Schock, zur Durchblutung, bei Kreislaufproblemen	Präparate sind in der Tiermedizin vorhanden

Die innige Verbindung zu einem alten Hund ist etwas ganz besonderes und wertvolles.

GRAUE SCHNAUZEN

Wenn Sie einen älteren Hund zuhause haben, wissen Sie, dass das Alter so allerhand Gebrechen mit sich bringt. Ein alter Hund macht wieder mehr Arbeit, ist aber auch ein wunderbarer Gefährte.

Eventuell ist er nicht mehr ganz stubenrein, hört nicht mehr gut oder wird blind. Seine Knochen und Gelenke machen nicht mehr so mit und sein Herz wird schwächer. Die Verdauung ändert sich und manch ein alter Hund wird regelrecht dement. Alte Hunde benötigen wie zur Welpenzeit wieder mehr Aufmerksamkeit und Verständnis. Auch wenn manches nicht mehr so funktioniert wie früher und einige Situationen beschwerlicher werden – einen Hund im hohen Alter bis zu seinem letzten Tag begleiten zu dürfen, ist etwas sehr Wertvolles. Und seine Gebrechen können Sie mit pflanzlichen Wirkstoffen erleichtern.

MULTIMEDIKATION

Die Schulmedizin hat für den alternden Hund ein ganzes Arsenal an Medikamenten zu bieten. So erhalten alte Hunde gern eine Vielzahl an Medikamenten wie Herz- und Schmerzmedikamente, Präparate gegen Inkontinenz, eventuell ein Schilddrüsenpräparat und ein Geriatrikum. Eine besondere Unart ist, gleich noch einen sogenannten Magenschutz wie Omeprazol oder Ähnliches zu geben. Da werden Nebenwirkungen einer Extremtherapie mit weiteren Medikamenten behandelt. Das kann nicht Sinn der Sache sein.

Achten Sie auf die Bedürfnisse Ihres alten Hundes.

Viele alte Hunde haben mehr als ein Gebrechen und alle werden mit einem entsprechenden schulmedizinischem Präparat behandelt, ganz ungeachtet dessen, was diese miteinander im Körper des Hundes anstellen. Vertragen sich alle diese Medikamente wirklich? Werden nicht neue Symptome und Dysfunktionen durch jedes einzelne Medikament gefördert? Nebenwirkungsfrei sind diese Medikamente auch nicht (siehe Schmerztherapie, S. 170 ff.). Darum macht es Sinn, den alternden Hund einem naturheilkundlich und ganzheitlich arbeitenden Therapeuten vorzustellen.

VERBESSERUNG DER LEBENSQUALITÄT

Besonders der alte Hund braucht eine sanfte und einfühlsame Behandlung.
Hauptziel ist die Verbesserung der Lebensqualität und Schmerzfreiheit, aber dazu muss es nicht immer gleich das stärkste und damit nebenwirkungsreichste Medikament sein.
Die Phytotherapie der Herzmedizin hat in der Humanmedizin seither große Dienste geleistet. Besonders die Vorbeugung und der frühe Einsatz von herzwirksamen Phytotherapeutika sind sinnvoll und wir sollten diese unseren Hunden nicht vorenthalten. Das alternde Herz unserer Hunde profitiert von einer frühzeitigen Gabe von Weißdorn ungemein (siehe S. 139, 176).

POLYPRAGMASIE

Heute weiß man aus der Humanmedizin, dass gerade diese multimorbiden, geriatrischen Patienten durch diese Multimedikationen eher Schaden leiden. So entstand der Begriff der Polypragmasie. Er bezeichnet die wegen des Risikos für Wechsel- und Nebenwirkungen zu vermeidende, sinn- und konzeptionslose Diagnostik und Behandlung mit zahlreichen Arznei- und Heilmitteln sowie anderen therapeutischen Maßnahmen.

Schmerztherapie muss nicht immer nur aus der Gabe von Schmerzmitteln bestehen, besonders dann nicht, wenn es sich um eine Langzeittherapie handelt.
Der Stoffwechsel alter Hunde ändert sich und auch hier leistet die Phytotherapie große Dienste. **Artischocke, Mariendistel und Goldrute** sind gute Begleiter in ein entspanntes und gutes Älterwerden. Die Naturheilkunde hat hier sehr viele gut wirksame, aber wesentlich verträglichere Präparate zur Verfügung. Auch die Ernährung unserer alten Hunde muss ihrem Bedarf angepasst werden. Wichtig ist vor allem, frühzeitig mit der Phytotherapie zu beginnen und dem Hund Gutes zu gönnen. Ausreichend angepasste Bewegung benötigt auch der Senior noch und Kopfarbeit hält den Geist fit.

Vom Weißdorn werden die Blätter, Blüten und manchmal auch die Beeren angewendet.

PHYTOTHERAPEUTIKA FÜR DEN SENIOR

GINKGO

Viele Besitzer alter Hunde beklagen sich über die nächtliche Unruhe ihrer Hunde. Einige Hunde weisen starke Wesensveränderungen auf, sie stehen da und blicken leer in die Gegend, manchmal wirken sie so, als wüssten sie nicht, welches der nächste Schritt ist. Sie hören schlechter, manch einer wird praktisch über Nacht taub. Alte Hunde können dement werden, ihr Gehirn wird nicht mehr ausreichend durchblutet und im schlimmsten Fall führt dies bis zum sogenannten Vestibularsyndrom. Hierbei wird das Innenohr und Gleichgewichtssinn nicht mehr durchblutet, diese Hunde drehen sich im Kreis, fallen um, halten ihren Kopf schief oder wackeln mit ihren Augen. Ein solcher Hund muss unmittelbar von einem Tierarzt behandelt werden.
Es gibt im Pflanzenreich eine wirksame Hilfe gegen die Befindlichkeitsstörungen und den mangelnden Blutfluss im Alter – den Ginkgo!
Er wirkt gegen Durchblutungsstörungen, indem er dafür sorgt, dass das Blut auch wieder durch die kleinsten Gefäße fließt. Das Blut erhält durch ihn eine bessere Fließeigenschaft und die Gefäße werden stabilisiert. Somit ist er ein wunderbares Mittel für den alten Hund und kann als sogenanntes Geriatrikum sehr gut eingesetzt werden. Es existieren einige Zusatzpräparate auf dem tiermedizinischen Markt, die Ginkgo enthalten, wie z. B. PetDolor® von PlantaVet. Aber auch im Humanbereich gibt es viele sehr gute Präparate in der Apotheke frei verkäuflich zu kaufen, wie z. B. Tebonin® oder Ginkgium®.

HEILPFLANZEN, DIE IM ALTER UNTERSTÜTZEND WIRKEN

PFLANZE	WIRKUNG	ANWENDUNG/PRÄPARATE
Ginkgo	durchblutungsfördernd	PetDolor® PLV, Tebonin®
Ginseng	adaptogen	Ginseng Logoplex® Ziegler
Jiaogulan	adaptogen	Canicox Nutrilabs®
Teufelskralle	Schmerzmittel	ArthroRegen® PLV, Rivoltan®
Weidenrinde	Schmerzmittel	PetDolor® PLV, Weidenrinde-Schmerzdragees Kräuterhaus Sanct Bernhard
Mariendistel	leberunterstützend	PlantaHepar® PLV
Goldrute	niereunterstützend	Solidago Steiner® Tabletten

KOMBINATION VON HEILPFLANZEN

Viele Hundesenioren leiden unter altersbedingten Erkrankungen und Verschleißerscheinungen und ihren damit einhergehenden Symptomen. Dazu gehören Schmerzen in den Gelenken durch Verschleiß (Arthrose, Arthritis, Spondylosen), Leistungsschwäche durch eine verminderte Funktion des Herzens, Blindheit durch altersbedingten Grauen Star, Taubheit und Mangeldurchblutung des Gehirns. Einige Hunde werden im Alter inkontinent und manche sind regelrecht geistig verwirrt. Die phytotherapeutische Behandlung eines solchen Senioren kann folgendermaßen aussehen:

— Weißdorn
— Teufelskralle und Weidenrinde
— Ginkgo

Diese Heilpflanzen lassen sich gut kombinieren, es gibt sie zum Teil als Kombinationspräparat in der Tiermedizin oder als Einzelpräparate in der Humanmedizin. Eine solch Therapie tut dem alten Hund gut. Er wird wieder munter, aktiver und seine Beschwerden werden gelindert. Lassen Sie sich von einem guten Phytotherapeuten beraten. In manchen Fällen als Begleittherapie zu einer vielleicht wichtigen Behandlung und in vielen Fällen auch als Monotherapie. Besonders Stoffwechsel, Durchblutung und Schmerzen sind die klassisch gut phytotherapeutisch therapierbaren Themen. Leber- und Niereninsuffizienzen lassen sich nur diätetisch und pflanzliche behandeln, die synthetische Medizin kennt hier keine Wirkstoffe, die Zellregeneration fördern.

BRENNNESSELSAMEN

Ein sehr gutes Kräftigungsmittel für Hunde sind Brennnesselsamen. Sie enthalten eine Vielzahl an Mineralstoffen, Spurenelementen, Vitaminen und Ölen. Füttern Sie Ihrem Hund über den Winter getrocknete Brennnesselsamen.
Sammeln Sie die Samen im Spätsommer, wenn sie braun an den Brennnesseln hängen und sich leicht abschlagen lassen. Trocknen Sie die Samen nach und bewahren Sie sie in einem dunklen Gefäß auf. Täglich 1 – 2 Teelöffel Brennnesselsamen ins Hundefutter gemischt, machen Ihren Hund im Winter widerstandsfähiger.

TUMORERKRANKUNGEN

Da unsere Hunde immer älter werden und auch denselben Umweltbedingungen ausgesetzt werden wie der Mensch, kommen heute immer mehr Krebserkrankungen vor.
Medizinisch ist heute beim Hund alles möglich, was beim Menschen möglich ist. Chemotherapie, Bestrahlungen etc. stehen selbst bei alten Tumorpatienten auf dem Plan. Besonders im hohen Alter des Hundes ist es wichtig, eine gewisse Ethik nicht aus den Augen zu verlieren. Natürlich tut es weh, zu wissen, dass der geliebte Vierbeiner nun am Ende seines Lebens angekommen ist. Aber gerade jetzt sind wir es ihm schuldig, ihm eine wunderschöne, liebevoll begleitete, letzte Zeit zu gestalten. Der Tod gehört zum Leben, auch wenn wir in unserer heutigen Gesellschaft das nicht mehr wahrhaben wollen und alles dafür tun, ihn zu bekämpfen. Das ist nicht möglich. Sterben werden wir alle eines Tages. Das uns unsere Vierbeiner nur ein kleines Stück auf unserem Lebensweg begleiten, ist schmerzhaft und manchmal fast unerträglich. Dennoch, der Hund darf alt werden, krank werden und sich eines Tages aufmachen in eine andere Dimension. Dabei sollten wir ihn begleiten: liebevoll schützend und mit ganz viel Verständnis. Tun wir unseren Schützlingen doch nicht das an, was wir uns Menschen antun – lassen wir sie in Würde gehen.

MÖGLICHKEITEN EINER BEHANDLUNG

Viele Hundebesitzer kommen deshalb in meine Praxis oder versuchen, mich zu kontaktieren.
Im Vordergrund einer phytotherapeutischen Tumorbehandlung steht Lebensqualität!
Die Phytotherapie bietet hier eine gute Möglichkeit. Auch wenn mit Vorsicht zu sehen ist, wie vielerlei pflanzliche Produkte beworben werden und aus der Angst Geschäfte gemacht werden.
Nicht jede Pflanze, die in Vitro (im Labor) Tumorzellen tötet, schafft dies auch im Körper.
Lassen Sie sich also nicht von Werbung und Verlaufsstrategien blenden. Angeblich sind alle möglichen Pflanzen krebshemmend und jedes Jahr treten neue Wundermittel auf den Plan.
So einfach ist das nicht. Es bedarf einer guten Forschung und eines fundierten Wissens, um die richtige phytotherapeutische Tumortherapie an den Patienten anzupassen.

Brennnesselsamen können im Herbst direkt ins Futter gegeben werden.

Die Mistel gehört nur in die erfahrenen Hände eines guten Therapeuten.

MISTELTHERAPIE

Eine Möglichkeit ist die Misteltherapie. Leider treten hier immer mehr selbsternannte Therapeuten auf den Plan, die ohne Sinn und Sachverstand mit der Mistel herumhantieren.
Mistel ist nicht gleich Mistel und sie wird immer anhand des Patienten (Konstitution, Alter, Geschlecht etc.) und anhand der Tumorart (Sarkom, Mastzelle, Karzinom etc.) sowie seiner Lokalisation ausgewählt. Zudem gibt es eine Vielzahl verschiedener Misteln. Sie unterscheiden sich anhand des Wirtsbaumes, auf dem sie gewachsen sind, und enthalten dann sehr unterschiedliche Wirkstoffe. Der Therapeut muss erst die passende Mistel für den einzelnen Patienten finden. Dann ist die Dosierung immer wieder eine individuelle Sache, die niemals standardisiert ablaufen kann. Selbst die Applikationsstelle kann variieren. Sie sehen, es braucht Wissen, um die Mistel erfolgreich anzuwenden.
Wenn die richtige Mistel gefunden wird, kann diese „Wunder bewirken". Den Patienten geht es unter der Misteltherapie auffällig gut, sie leben regelrecht auf, sind schmerzfrei und sehr aktiv. Tumore können, müssen aber nicht, stagnieren oder sogar verschwinden. Rezidive werden häufig verhindert oder der Zeitraum bis zum Wiederauftreten eines neuen Tumors sehr in die Länge gezogen.
Die Misteln enthalten je nach Wirtsbaum unterschiedliche Wirkstoffe, die antitumorös wirken.

ARTEMISIA ANNUA – S. 186

Eine weitere und oft in Kombination mit der Mistel angewendete Therapie, ist die Behandlung mit *Artemisia annua*. Das ist eine Beifußart, die ursprünglich gegen Malaria beim Menschen angewendet wird und seit einigen Jahren in meiner Praxis auch bei den verschiedenen Blutparasiten (Leishmaniose, Ehrlichiose, Anaplasmose, Babesiose) des Hundes (siehe S. 89). Heute wird in der Humanmedizin dieser Beifuß intensiv in der Tumorforschung untersucht. Es gibt unzählige Studien und klinische Untersuchungen auch in der Onkologie in Heidelberg, die eindeutig seine tumorabtötende Wirkung beweisen.

Wie bei einigen sehr potent wirkenden Phytopharmaka, sind allerdings der korrekte Einsatz und ein gut standardisiertes Präparat nötig, um die entsprechende Wirkung zu erzielen. *Artemisia annua* hat die Eigenschaft, sich dort im Körper anzusiedeln, wo sich Tumorzellen, stark mit Eisen angereichert, aufhalten.

Der Wirkstoff der Pflanze dringt spezifisch in Tumorzellen ein und oxidiert dort das enthaltene Eisen. Somit wird die Tumorzelle von innen heraus abgetötet. Körpereigene Zellen lässt der Wirkstoff interessanterweise in Ruhe.

Eine Therapie mit *Artemisia annua* bedarf eines gut durchdachten Therapieschemas. Zunächst werden die Tumorzellen mit Eisen „gefüttert", danach wird der Wirkstoff verabreicht. Je nach Krebsart und nach Schwere der Erkrankung wird das Intervall der Eisensupplementierung und die Dosis des *Artemisia annua* berechnet. Wenden Sie sich bitte an einen erfahrenen Kollegen, um eine solche Therapie durchzuführen. Alleingänge mit diversen im Internet als Wundermittel angepriesenen Mitteln dienen der Sache nur wenig.

Die Natur verfügt über einige weitere pflanzliche Stoffe, die antitumorös wirken können. Jeder Phytotherapeut hat seine eigene für ihn stimmige Therapie und Erfahrungen, die angepasst an den Patienten wertvolle Dienste leisten können. Lassen Sie sich beraten, aber lassen Sie sich nicht mit falschen Versprechungen in die Irre führen.

Artemisia annua – eine ganz besondere Beifußart.

PORTRÄTS
— *nicht heimische Pflanzen*

ARTEMISIA

— *Artemisia annua (Korbblütler)*

Pflanzenkraft In der Chinesischen Medizin seit Jahrtausenden bekannt, kommt der *Artemisia annua* in den letzten Jahren bei uns in Mode und das nicht zu unrecht. Besonders die Tiermedizin profitiert von seinen herausragenden Wirkungen. Beim Menschen seit ca. 2000 Jahren als Vorbeugung und zur Behandlung gegen Malaria angewendet, ist er heute beim Hund bekannt gegen Blutparasiten. Leishmaniose, Babesiose, Ehrlichiose und Borreliose lassen sich mit ihm sehr gut behandeln. *Artemisia annua* ist zudem ein äußerst spannendes und vielversprechendes Mittel gegen bösartige Tumoren.
Anwendung Die Behandlung von Blutparasiten mit *Artemisia annua* sollte man nur zusammen mit einem guten Veterinärphytotherapeuten durchführen. Diese Pflanze sollte nie im Alleingang angewendet werden!

MYRRHE

— *Commiphora myrrha (Balsambaumgewächse)*

Pflanzenkraft Die Myrrhe ist ein starker Entzündungshemmer und wird bei Mensch und Tier mit großem Erfolg bei Darmentzündungen und Zahnfleischentzündungen angewendet.
Da wir Myrrhe bei uns nicht sammeln können, verwenden Sie am besten standardisierte Humanpräparate. In der Apotheke gibt es wunderbare Präparate.
Anwendung Bei Durchfall und chronischer Darmentzündung verwenden Sie am besten Myrrhe-Tabletten, die Sie, vor allem bei chronischer Krankheit, allerdings über viele Wochen verabreichen müssen. Bei Zahnfleischentzündung wird die Tinktur in verdünnter Form vorsichtig aufgetragen.

WEIHRAUCH

— Boswellia (Balsambaumgewächse)

Pflanzenkraft Der Weihrauch hat sich mittlerweile in der Tiermedizin etabliert. Er wirkt sehr stark entzündungshemmend und somit schmerzlindernd bei Gelenkbeschwerden. Bei chronischer Darmentzündung wirkt er wie Kortison und kann als nebewirkungsfreies Mittel gegeben werden. Wichtig ist die Qualität. Nicht jedes Präparat auf dem Markt enthält die Wirkstoffe und die entsprechende Dosis, die bei chronischen Darmpatienten nötig sind. Neuerdings wird Weihrauch auch bei der SLO, einer Autoimmunkrankheit der Krallen, mit sehr großem Erfolg angewendet. Immer dann, wenn eine langfristige Gabe von Kortison nötig ist, ist der Weihrauch die richtige Alternative. Er wirkt allerdings nicht juckreizlindernd.

Anwendung Eine Weihrauchbehandlung sollten Sie nie im Alleingang durchführen, sondern immer einen sehr guten Veterinärphytotherapeuten befragen.

ZISTROSE

— Cistus (Zistrosengewächse)

Pflanzenkraft Die Zistrose ist eine der Pflanzen, die heute stark in Mode gekommen sind und um die sich einige nicht korrekte Mythen ranken. Richtig angewendet, ist sie allerdings ein guter Immunmodulator, der vor allem lokal sehr gute Wirkung aufweist. Bei auftretenden Infekten frühzeitig gegeben, wirkt sie sehr gut. Äußerlich bei schlecht heilenden Wunden ebenso. Viele Hundebesitzer berichten außerdem davon, dass sie innerlich gegeben, Zecken fernhalten soll.

Das ist aufgrund ihrer immunmodulierenden Wirkung auch durchaus zu erklären.

Anwendung Zistrose lässt sich im Garten kultivieren, wenn sie im Winter ins Haus geholt wird. Zur medizinischen Anwendung verwendet man allerdings besser die gut getesteten Präparate aus der Apotheke. Auch hier gilt wieder: eine Langzeitgabe von Immunmitteln ist zu vermeiden!

SERVICE

— *Wissenswertes für Hundehalter*

ÜBER DIE AUTORIN

Ihr Interesse für die Natur und die Liebe zu Tieren und Pflanzen haben Alexandra Nadig von Kind an geprägt. Die Verbindung aus der wunderbaren Kraft der Pflanzen und der Liebe und der Achtung zu Tieren machte Alexandra Nadig zu ihrem Beruf, indem sie neben der Tiermedizin die Phytotherapie (Heilpflanzenkunde) für sich entdeckte.
Nach dem Abitur arbeitete sie drei Jahre in einer auf Augenheilkunde, Chirurgie und Naturheilkunde spezialisierten Tierarztpraxis in Wiesbaden. Das tiermedizinische Studium schloss sie 2007 in München ab und schrieb ihre Promotion über ein aktuelles Thema aus der Phytotherapie.
Nach der Arbeit in einer großen Esslinger Kleintierklinik, gründete Sie eine Kleintierpraxis mit ganzheitlichem Schwerpunkt und betreute einige Jahre ein Tierheim.

SCHULMEDIZIN UND PHYTOTHERAPIE

In ihrer Tätigkeit als Tierärztin hat sich Dr. Alexandra Nadig auf die Phytotherapie spezialisiert. Dabei ist ihr eine sinnvolle Kombination aus Schulmedizin und Naturheilkunde wichtig. Sie absolvierte mehrere Heilpflanzenausbildungen und qualifiziert sich weiter an der Akademie für tierärztliche Fortbildungen auf Gebieten der klassischen Schulmedizin, der Regulationsmedizin und der „Biologischen Tiermedizin". Sie ist Mitglied in der Gesellschaft für Ganzheitliche Tiermedizin und hier aktiv tätig im Arbeitskreis Phytotherapie. Zudem ist sie Referentin und Autorin auf dem Gebiet der Phytotherapie.

GRÜNDUNG EINES HEILPFLANZENZENTRUMS

2013 gründete Alexandra Nadig zusammen mit ihrem Mann Michael Nadig „AnimaPlanta", das Heilpflanzenzentrum für Mensch & Tier. AnimaPlanta bietet Seminare und Kurse zur Veterinärphytotherapie für Laien und Fachmenschen an (www.animaplanta.de). Auch auf Facebook ist AnimaPlanta vertreten.
Bei medizinischen Fragen wenden Sie sich bitte direkt an die Tierarztpraxis und vereinbaren dort einen Termin. Ferndiagnosen und Ferntherapien sind leider nicht möglich.

www.dr-alexandra-nadig.fr

NÜTZLICHE ADRESSEN

almapharm GmbH + Co. KG
Heisinger Straße 44
D–87437 Kempten
info@almapharm.de
www.almapharm.de

Bogar AG
Industriestrasse 50a
CH–8304 Wallisellen
info@bogar.com
www.bogar.com

Gesellschaft für ganzheitliche Tiermedizin (GGTM)
Mooswaldstr. 7
D–79227 Schallstadt
info@ggtm.de
www.ggtm.de

Inuvet Hundegesundheit GmbH
Eisenbahnstraße 2
D–79541 Lörrach
info@inuvet.com
www.inuvet.com

PlantaVet GmbH
Biologische Tierarzneimittel
Frauenbergstraße 45
D–88339 Bad Waldsee
info@plantavet.de
www.plantavet.de

PerNaturam GmbH
An der Trift 8
D–56290 Gödenroth
info@pernaturam.de
www.pernaturam.de

ZUM WEITERLESEN

HEILKRÄUTER ALLGEMEIN

Bäumler, Siegfried: **Heilpflanzen Praxis Heute.** Urban & Fischer

Beiser, Rudi: **Tee aus Kräutern und Früchten.** Kosmos Verlag

Brendieck-Worm, Cäcilia; Franziska Klarer und Elisabeth Stöger: **Heilende Kräuter für Tiere: Pflanzliche Hausmittel für Heim- und Nutztiere.** Haupt Verlag

Bühring, Ursel: **Praxis-Lehrbuch der modernen Heilpflanzenkunde.** Sonntag

De Bairacli Levy, Juliette: **Das Kräuterhandbuch für Hund und Katz.** Drei Hunde Nacht Verlag

Engel, Cindy: Wild Health. **Gesundheit aus der Wildnis.** animal learn Verlag

Fintelmann, Volker und Kenny Kuchta: **Lehrbuch der Phytotherapie.** Hippokrates

Fischer-Rizzi, Susanne: **Medizin der Erde.** AT Verlag

Fischer-Rizzi, Susanne: **Mit der Wildnis verbunden.** Kosmos Verlag

Storl, Wolf-Dieter und Frank Brunke: **Die Seele der Pflanzen.** Kosmos Verlag

Storl, Wolf-Dieter: **Das Herz und seine heilenden Pflanzen.** AT Verlag

Storl, Wolf-Dieter: **Heilkräuter und Zauberpflanzen zwischen Haustür und Gartentor.** AT Verlag

EMPFEHLENSWERTE PFLANZENFÜHRER

Aichele, Dietmar u. a.: **Was blüht denn da?** Kosmos

Dreyer, Eva-Maria: **Essbare Wildpflanzen Europas.** Kosmos Verlag

Fleischhauer, Steffen Guido: **Essbare Wildpflanzen.** Weltbild

Hensel, Wolfgang: **Welche Heilpflanze ist das?** Kosmos Verlag

Schönfelder, Peter und Ingrid: **Der neue Kosmos-Heilpflanzenführer.** Kosmos Verlag

Stichmann/Stichmann-Marny: **Der Kosmos Pflanzenführer.** Kosmos Verlag

REGISTER

REZEPTE AUF EINEN BLICK

SYMPTOM	REZEPT	ANWENDUNG	SEITE
Arthrose/Gelenke	Kardentinktur	innerlich	S. 85
Blase	Blasentee	innerlich	S. 143
Borreliose	Kardentinktur	innerlich	S. 85
Darmparasiten	Kräuter	innerlich	S. 107
Darmsanierung	Teemischung	innerlich	S. 112
Durchfall	Teemischung für unterwegs	innerlich	S. 91
	Morosche Karottensuppe	innerlich	S. 93
	Tee bei akutem Durchfall	innerlich	S. 94, 99
	Milder Tee	innerlich	S. 99
	Tee bei Bauchkrämpfen	innerlich	S. 99
Erbrechen	Leinsamen	innerlich	S. 29
Frühjahrskur	Grüne Kraftkugeln	innerlich	S. 41
	Smoothies	innerlich	S. 41
	Hunde-Muffins	innerlich	S. 51
	Hundekekse	innerlich	S. 55
Hautekzem	Eichenrindentee	äußerlich	S. 25
Hautstoffwechsel	Teemischung	innerlich	S. 58
Hot Spot	Walnussblättersud	äußerlich	S. 67
Husten	Spitzwegerichsaft	innerlich	S. 153
Immunsystem stärken	Wasserdostkraut	innerlich	S. 149
	Teemischung	innerlich	S. 58
Leber (Aufbau)	Leber-Tee	innerlich	S. 58, 122
Operation (nach)	Tropfen	innerlich	S. 31
Pfotenpflege	Pflegesalbe	äußerlich	S. 161
Schmerzen	Tinktur	innerlich	S. 173
Übelkeit	Breimischung	innerlich	S. 162
Wundheilung	Ringelblumensalbe	äußerlich	S. 61
	Rotöl/Johanniskrautöl	äußerlich	S. 68
	Kohlwickel	äußerlich	S. 72
	Wundheilsalbe	äußerlich	S. 70
	Beinwellsalbe	äußerlich	S. 90
Zeckenprophylaxe	Ätherische Öle	äußerlich	S. 81

BILDNACHWEIS

119 Farbfotos wurden von Anna Auerbach/Kosmos für dieses Buch aufgenommen.

Weitere Farbfotos von Frank Brunke (1: S. 7); Anna Auerbach (23: S. 17, 20, 75, 78, 82, 92, 96, 104, 113, 140/141, 142, 143, 147, 151, 158/159, 160, 161, 162, 165, 168, 169, 179, 180); Hilke Heinemann (1: S. 93); David Koch (31: S. 28, 29, 45 re., 48 re., 62, 67, 84, 90/91, 98 li., 126 re., 131, 132, 137 li., 139 li., 144 li., 144 mi., 146, 148, 149, 181, 183); Laura Steffens (1: S. 47 re.); Heike Schmidt-Röger (5: S. 114, 115, 116, 117, 118); Shutterstock (31: S. 3/HurstPhoto, 18 re./Tilman Ehrcke, 19/Melica, 32/Sonja C, 33/footageclips, 43 re./An Nguyen, 44 li./Julia Sudnitskaya, 59/Lena Gabrilovich, 71 li./ Auboid Dulac, 77/Ana Valentim, 80/Sonja Filitz, 83/KPixMining, 97/Rustic Studio, 100/Inspiring-Moments, 102/Chachamp, 108/Pelevina Ksinia, 112/Martin Fowler, 125 li./Volodymyr Nikitenko, 128 li./Lapis2380, 130 li./dadalia, 138 re./R. Maximiliane, 144 re./Luka Hercigonja, 150/Shutter-stockProfessional, 155/Lerner Vadim, 164/Romija, 166/Leon Rafael, 167/Donna Hayden, 184/ Nikolina Mrakovic, 186 re./Nancy Ayumi Kunihiro, 187 li./Maros Markovic, 187 re./Viktor Loki).

IMPRESSUM

Umschlaggestaltung von GRAMISCI Editorialdesign/München unter Verwendung von zwei Farbfotos von Anna Auerbach/Kosmos.

Mit 212 Farbfotos.

Alle Angaben in diesem Buch erfolgen nach bestem Wissen und Gewissen. Sorgfalt bei der Umsetzung ist indes dennoch geboten. Der Verlag und die Autorin übernehmen keinerlei Haftung für Personen-, Sach- oder Vermögensschäden, die aus der Anwendung der vorgestellten Materialien, Methoden oder Informationen entstehen könnten.

Gedruckt auf chlorfrei gebleichtem Papier

ISBN 978-3-440-15606-3
Redaktion: Hilke Heinemann
Gestaltungskonzept: Peter Schmidt Group GmbH, Hamburg
Gestaltung und Satz: Claudia Adam Graphik Design, Darmstadt
Produktion: Andrea Hehn
Druck und Bindung: FIRMENGRUPPE APPL
Printed in Germany/Imprimé en Allemagne

FSC www.fsc.org MIX Papier | Fördert gute Waldnutzung FSC® C004592